ACM国际大学生程序设计竞赛（ACM-ICPC）系列丛书

ACM国际大学生
程序设计竞赛
知识与入门

俞 勇 主编

清华大学出版社
北 京

内 容 简 介

ACM 国际大学生程序设计竞赛（ACM-ICPC）是国际上公认的水平最高、规模最大、影响最深的计算机专业竞赛，目前全球参与人数达 20 多万。本书作者将 16 年的教练经验与积累撰写成本系列丛书，全面、深入而系统地将 ACM-ICPC 展现给读者。本系列丛书包括《ACM 国际大学生程序设计竞赛：知识与入门》、《ACM 国际大学生程序设计竞赛：算法与实现》、《ACM 国际大学生程序设计竞赛：题目与解读》、《ACM 国际大学生程序设计竞赛：比赛与思考》等 4 册，其中《ACM 国际大学生程序设计竞赛：知识与入门》介绍了 ACM-ICPC 的知识及其分类、进阶与角色、在线评测系统；《ACM 国际大学生程序设计竞赛：算法与实现》介绍了 ACM-ICPC 算法分类、实现及索引；《ACM 国际大学生程序设计竞赛：题目与解读》为各类算法配备经典例题及题库，并提供解题思路；《ACM 国际大学生程序设计竞赛：比赛与思考》介绍了上海交通大学 ACM-ICPC 的训练及比赛，包括训练札记、赛场风云、赛季纵横、冠军之路、峥嵘岁月。

本丛书适用于参加 ACM 国际大学生程序设计竞赛的本科生和研究生，对参加青少年信息学奥林匹克竞赛的中学生也很有指导价值。同时，作为程序设计、数据结构、算法等相关课程的拓展与提升，本丛书也是难得的教学辅助读物。

图书在版编目（CIP）数据

ACM 国际大学生程序设计竞赛：知识与入门/俞勇主编. —北京：清华大学出版社，2012.12(2024.11重印)
ISBN 978-7-302-29490-0

Ⅰ. ①A… Ⅱ. ①俞… Ⅲ. ①程序设计–竞赛–高等学校–教学参考资料 Ⅳ. ①TP311.1

中国版本图书馆 CIP 数据核字（2012）第 163703 号

责任编辑：龙启铭
封面设计：傅瑞学
责任校对：焦丽丽
责任印制：曹婉颖

出版发行：清华大学出版社
    网   址：https://www.tup.com.cn，https://www.wqxuetang.com
    地   址：北京清华大学学研大厦 A 座   邮 编：100084
    社 总 机：010-83470000   邮 购：010-62786544
    投稿与读者服务：010-62776969，c-service@tup.tsinghua.edu.cn
    质 量 反 馈：010-62772015，zhiliang@tup.tsinghua.edu.cn
    课 件 下 载：https://www.tup.com.cn，010-83470236
印 装 者：北京鑫海金澳胶印有限公司
经   销：全国新华书店
开   本：185mm×230mm   印 张：13.5   字 数：280 千字
版   次：2012 年 12 月第 1 版   印 次：2024 年 11 月第 15 次印刷
定   价：35.00 元

产品编号：047606-02

写在最前面的话

自从上海交通大学 2002 年第一次、2005 年第二次获得 ACM 国际大学生程序设计竞赛（ACM International Collegiate Programming Contest，简称 ACM-ICPC 或 ICPC）世界冠军以来，总有记者邀请编者撰写冠军之路类的文章，也总有出版社希望编者出版 ACM-ICPC 竞赛类的书籍，因为没有想清楚怎么写，所以一直没动笔。直到 2010 年上海交通大学第三次获得 ACM-ICPC 世界冠军后，编者决定出版一套系列丛书，包括《ACM 国际大学生程序设计竞赛：知识与入门》、《ACM 国际大学生程序设计竞赛：算法与实现》、《ACM 国际大学生程序设计竞赛：题目与解读》及《ACM 国际大学生程序设计竞赛：比赛与思考》4 册书籍，全面、深入而系统地将 ACM-ICPC 展现给读者，把上海交通大学十多年来对 ACM-ICPC 竞赛的感悟分享给读者。

编写此系列丛书的另一个重要原因是 ACM-ICPC 竞赛在中国大陆的迅猛发展。自从 1996 年 ACM-ICPC 引入中国大陆，前六届仅设立 1 个赛区，目前每年一般设立 5 个赛区，并已有 30 所高校承办过亚洲区预赛；参赛学校从不满 20 所，到如今已达 200 多所；参赛人数从不到 100 人，到如今已超过 12 万人次；总决赛名额从起初的 3 个，到如今已超过 15 个。同时，中国大陆在 ACM-ICPC 竞赛上所取得的成绩也举世瞩目。清华大学 9 次获得总决赛奖牌（3 金 5 银 1 铜），位居奖牌榜之首，是实力最强、表现最稳定的高校；上海交通大学 8 次获得总决赛奖牌（4 金 3 银 1 铜），3 次夺得世界冠军，算是目前国内成绩最好的高校；中山大学 4 次获得总决赛奖牌（2 银 2 铜），在生源不占优势的情况下，这一成绩令人敬佩；复旦大学 3 次获得总决赛奖牌（1 银 2 铜），是公认的强校；浙江大学 2 次获得总决赛奖牌（1 金 1 银），1 次夺得世界冠军，再次让国人欢欣鼓舞；北京大学 1 次获得总决赛奖牌（1 铜），队员的综合实力堪称一流；最难能可贵的是，华南理工大学也获得过总决赛的奖牌（1 铜），它告诉我们，ACM-ICPC 不仅仅是"强校"之间的"对话"，只要坚持参与就会斩获成果。另外，至今已有 37 所大陆高校参加过全球总决赛，且不论成绩如何，他们在赛场上的奋斗亦值得称道。

本系列丛书的第一册《ACM 国际大学生程序设计竞赛：知识与入门》分为三个部分。知识点部分基本涵盖了竞赛中所涉及的主要知识点，包括数学基础、数据结构、图论、计算几何、论题选编、求解策略等六个大类内容。入门与进阶部分介绍了包括如何快速入门、如何提高自身以及团队水平等，主要根据上海交通大学 ACM-ICPC 队多年参赛经验总结而来。在线资源部分对一些常用的在线评测系统和网上比赛进行了介绍。

本系列丛书的第二册《ACM 国际大学生程序设计竞赛：算法与实现》涵盖了大部分 ACM-ICPC 竞赛常用的经典算法，包括数学、图论、数据结构、计算几何、论题选编五个大类，对每个算法的代码实现，都配有接口说明以及简略的算法阐述，并提供算法的完整程序。并收集了一些实用的知识点及积分表，方便读者查找使用。

本系列丛书的第三册《ACM 国际大学生程序设计竞赛：题目与解读》分为两个部分。例题精讲部分针对第二册《ACM 国际大学生程序设计竞赛：算法与实现》中的算法配备经典例题，并提供细致的解题思路，读者可以通过这一部分学习和掌握算法；海量题库部分按照算法分类罗列出大量习题，并提供相应的题解，读者可以利用这一部分的题目进行训练，更加熟练地运用各类算法。

本系列丛书的第四册《ACM 国际大学生程序设计竞赛：比赛与思考》从 120 多名队员、2400 余篇文档中精心挑选、编纂而成的文集，包括训练札记、赛场风云、赛季纵横、冠军之路、峥嵘岁月，集中展现了上海交通大学 ACM-ICPC 队 16 年的奋斗历程，记载了这些队员为了实现自己的梦想而不懈努力、勇于拼搏的故事。

这是一套全面、系统地学习 ACM-ICPC 竞赛的知识类书籍；

这是一套详尽、深入地熟悉 ACM-ICPC 竞赛的算法及题目的手册类书籍；

这是一套程序设计、数据结构、算法等相关课程的拓展与提升类书籍；

这是一部上海交通大学 ACM-ICPC 队的成长史；

这是一部激励更多学子勇敢追寻并实现自己最初梦想的励志书。

历时 2 年零 5 个月，终于完成了本系列丛书，编者与队员有一种如释重负的感觉，因为我们把出版这套丛书看得很重，这是我们 16 年的经验与积累，希望对广大读者有用。

值此 ACM-ICPC 进入中国大陆 16 周年、上海交通大学获得 ACM-ICPC 世界冠军 10 周年之际，谨以此系列丛书——

纪念我们曾经走过的路、度过的岁月；

献给所有支持、帮助过我们的人……

俞 勇

2012 年 10 月于上海

前　言

　　ACM 国际大学生程序设计竞赛（ACM International Collegiate Programming Contest，简称 ACM-ICPC 或 ICPC）的试题覆盖了计算机科学以及相关数学领域众多知识点。这些知识通常会散落在各种书籍和论文之中，学习和查找起来相对麻烦。此外，竞赛中所考察的内容具有一定的特殊性，即使是像由 Thomas H. Cormen 等编著的 *Introduction to Algorithms* 这样的经典书籍，其中介绍的东西也并非都是竞赛中的考察点。因此能够有一本书针对 ACM-ICPC 竞赛所经常考察的知识点进行统一的介绍是有必要的。

　　本书分为三个部分，第一部分为入门与进阶，第二部分为知识点与求解策略，第三部分为在线资源。第一部分介绍的内容包括如何快速入门、如何提高自身以及团队水平等，主要是编者根据多年的参赛经验总结而来。第二部分基本涵盖了竞赛中所涉及的主要知识点，包括数学基础、数据结构、图论、计算几何、论题选编、求解策略等 6 个大类。第三部分对一些常用的在线评测系统和网上比赛进行了介绍。其中，第一部分和第三部分主要针对初学者。

　　由于 ACM-ICPC 竞赛涉及到的知识点较多，很难在有限的篇幅里做到完全的覆盖，编者主要根据重要性和实用性对内容进行了筛选。例如，在介绍平衡二叉树时，一般的数据结构书籍往往会介绍 AVL 树或是红黑树，但本书只介绍了理解和实现起来更为简单的伸展树和 Treap。

　　本书知识点部分的内容采用的是一种类似百科全书的组织方式，所以并不需要一章一章地从前往后阅读。读者完全可以选择一个自己感兴趣的知识点进行阅读，并扩展延伸到与之相关的其他知识点中。

　　本书编写工作历时两年多，参与编写工作的人员全部为上海交通大学 ACM-ICPC 队的现役与退役队员。他们参考了大量的书籍，并结合了多年的竞赛经验，对本书的内容进行选择、撰写和修改。

　　参与本书写稿、审稿的人员主要有（按姓氏笔画为序）：乌辰洋、吴卓杰、张培超、陈彬毅、林承宇、易茜、郑塁、姜啸、曹正、曹雪智、商静波、彭上夫、程宇、谭天。

在此，衷心感谢所有为此书出版做出直接或间接贡献的人！也真心祝愿此书能够给更多读者带来学习知识的快乐！

由于时间仓促，作者水平有限，疏漏、不当和不足之处在所难免，真诚地希望专家和读者朋友们不吝赐教。如果您在阅读和使用此书过程中发现任何问题或有任何建议，恳请发邮件至 *yyu@cs.sjtu.edu.cn*，我们将不胜感激。

编　者

2012 年 10 月于上海

目　录

第一部分

入门与进阶

第 1 章

入　门

1.1　ACM-ICPC 竞赛介绍

【概况】

ACM 国际大学生程序设计竞赛（International Collegiate Programming Contest，ACM-ICPC 或 ICPC）是由美国计算机协会（Association for Computing Machinery，ACM）主办的，一项旨在展示大学生创新能力、团队精神和在压力下编写程序、分析和解决问题能力的年度竞赛。经过近 30 多年的发展，ACM-ICPC 已经发展成为最具影响力的大学生计算机竞赛。

ACM-ICPC 最早始于 1970 年，当时美国德州 A&M 大学举办了首届竞赛，主办方是 UPE 计算机科学荣誉协会 Alpha 分会。作为一种发现和培养计算机科学这一新兴领域顶尖学生的全新方式，该竞赛很快得到了美国和加拿大多所大学的积极响应。1977 年，在 ACM 计算机科学会议期间举办了首次总决赛，并演变成为目前一年一届的国际性比赛。

ACM-ICPC 最初几届的参赛队伍主要来自美国和加拿大，后来逐渐发展成为一项世界范围内的竞赛。自从 ICPC 得到了 IBM 等大型 IT 公司的赞助之后，规模开始增长迅速。1997 年，总共有来自 560 所大学的 840 支队伍参加了比赛，而到了 2004 年，这一数字迅速增加到 840 所大学的 4109 支队伍，并正在以每年 10%～20%的速度持续增长。

从 20 世纪 80 年代开始，ACM 将 ICPC 的总部设在位于美国德克萨斯州的贝勒大学。在大赛举办的早期，冠军多为美国或加拿大的大学获得。进入 20 世纪 90 年代后期以来，俄罗斯和其他一些东欧国家的大学连夺数次冠军。来自中国大陆的上海交通大学代表队则在 2002 年美国夏威夷第 26 届、2005 年中国上海举行的第 29 届以及 2010 年中国哈尔滨的第 34 届全球总决赛上三夺世界冠军。这也是目前为止亚洲大学在该竞赛上取得的最好成绩。赛事的竞争格局已经由最初的北美大学一枝独秀演变成目前亚欧对抗的局面。

【比赛规则介绍】

比赛采用组队参赛形式，由三名选手组队参加，使用同一台计算机协作进行比赛。比赛时间为 5 个小时。比赛题目一般为 10 道左右的全英文试题。队伍解决了一道试题之后，可将其提交给评委，由评委判断其是否正确。把试题的解答提交裁判称为运行，每一次运行会被判为正确或者错误，判决结果会及时通知参赛队伍。若提交的程序运行不正确，则该程序将被退回给参赛队，参赛队可以进行修改后再次提交。

程序运行的返回结果有以下几种：

- Accepted：程序通过了测试数据的测试。
- Wrong Answer：程序输出与期望输出不符。
- Time Limit Exceeded：程序运行时间超过限制。
- Memory Limit Exceeded：程序使用内存超过限制。
- Runtime Error：程序运行时出错，可能原因包括数组越界、除零等。
- Presentation Error：程序输出格式错误，比如输出了多余的空行或空格。
- Output Limit Exceeded：程序输出过长，原因包括嵌套在死循环中的输出语句等。

竞赛结束后，参赛各队以解出问题的多少进行排名，具体规则如下：

（1）正确解决题目数较多的参赛者，排名靠前。

（2）对于正确解决题目数相同的参赛者，总罚时少的参赛者排名靠前。

罚时的计算规则如下：

一场比赛中的总罚时是所有正确解决的题目的罚时之和，没有正确解决的题目不计罚时。对于正确解决的某道题目，这一题的罚时=从比赛开始到正确解决这道题目经过的分钟数+20 分钟×正确解决之前错误的提交数。

例如，比赛 8 点开始，你在 8:30 分正确解决某道题，之前有两次错误提交，那么这一题的罚时是$30 + 20 \times 2 = 70$分钟。如果此外你还做出另外一题，该题目罚时是 110 分钟，那么比赛总罚时是两题之和，即$70 + 110 = 180$分钟。

比赛中会根据上述规则，提供实时的比赛排名（standing），选手可通过排名系统获得比赛的实时信息，不同的赛区给出的排名系统也会有所不同，提供给选手的信息量是不一样的，例如，有的赛区不会给出具体题目的解答信息（只显示每个队过了几道题）。

一般来说，为了增加比赛的悬念，比赛的排名系统会在比赛进行 4 个小时后停止实时更新，此时选手无法通过排名系统或者最后一个小时的比赛情况。

另外，比赛的过程中，选手每解决出一道题目，将获得相应的一个气球，不同颜色的气球对应不同的题目。

比赛的过程中，选手遇到问题，可以向裁判提问，裁判将根据比赛规则选择是否回答选手的提问。在比赛中，由于数据错误等原因，会出现裁判改判的情况，即将所有选手之前提交的程序进行重新测试，并给出新的返回结果。

1.2　新 手 入 门

首先，这里的新手是指有一定程序设计和数据结构基础的大学生。有一部分学生，在初中或者高中就参加过奥林匹克程序设计竞赛，在这些方面应该已经打下了较好的基础。其他同学也可以通过在大学中学习程序设计和数据结构这两门课程，或是通过看书自学等方式来了解这方面的基础知识。

在掌握程序设计和数据结构的基础上，以下 4 个部分是入门必备的：算法、英语读题、练习以及讨论交流。如果在这些方面都达到了一定水准，那么已经可以报名参加校内选拔，准备分区赛了。

下面将一一阐述这 4 个部分。

【算法】

ACM-ICPC 比赛每道题目都需要自己设计对应的算法，算法的重要性不言而喻。数据结构课程中可能会提到算法的概念，但不够系统。推荐初学者阅读《算法导论》这本书，讲解清晰详尽，中英文版都有，一些基本算法都会附带代码。另外刘汝佳与黄亮编写的《算法艺术与信息学竞赛》这本书同样非常适合，它的特色是例题和习题非常多，难度分布均匀。

这两本书内容都比较多，新手并不需要全部读完，把握主干即可，重点了解所有的经典算法和部分例题，根据个人需求来做习题。之后需要做专项训练时，可以再回头完成某个专题的所有练习。通过这两本书，要求达到以下目标：

（1）掌握常用算法；

（2）了解经典算法、知识点框架；

（3）可以独立分析出一些题目的算法。

【英语读题】

ACM-ICPC 的题目都是英文试题，所以拥有良好的英语阅读水平、能快速把握题目意思是一种优势。一般的题目并不是直接给出一个问题，而是有很丰富的故事背景，在有限的时间里，你需要从中获取关键内容，并且抽象出来，这样才能更方便地分析出算法。值得注意的是，有些关键信息可能会隐藏在故事背景等容易忽略的地方，所以即使英语阅读能力很好的人，也存在因为忽略了一些细节而导致理解错题意的可能。一道题若是理解错题意，不仅做不出来，还可能浪费大量时间去实现一个错误的算法，在赛场上这种错误十分致命。总的来说，读题就是要做到快和准，要在这两点中找到平衡。

读题首先英语基础是关键，可以把题目就当成英语阅读来做。同时，读题也非常考验一个人的细心和耐心。要提高读题能力，需要保持良好的阅读习惯，并且要进行一定时间的练习。当队伍组成以后，如果一个队伍的读题水平不高，可以组织专门的读题训练来加强。

【练习】

ACM-ICPC 竞赛支持的语言有 C/C++和 Java，熟练地使用这些语言中的一种是必要条件。并不需要对语言很精通了才开始做题，对于语言学习来说，练习和熟悉往往是相辅相成的。语言中一些偏向工程性的部分不需要特别了解，但是对于经常用到的部分，必须十分熟练，不能有半点不清楚的地方。

学会了语言和算法之后，实战是非常重要的一环。USACO（美国信息学奥林匹克竞赛）是个很不错的选择，网上关于它的资源也很全面，遇到不会的可以轻松地找到解答，在遇到新知识，新算法的时候可以查阅一些专业书籍学习，USACO 每章也附带介绍了算法。

当 USACO 基本做完的时候编程能力应该已经不成问题了，接下来就是学习和巩固自己的算法能力。可以去各大在线题库上练习，比如 POJ、ZJU 等找对应的题目来做，巩固自己对算法的了解。在本书第三部分中将有更加详细的介绍，读者可以根据自己的需求去选择。

练习的时候，可以尽可能多的参加各类网络比赛。很多 OJ（Online Judge）会不定期的举办网络比赛，POJ、ZJU、SGU 等 OJ 的比赛形式和 ACM-ICPC 竞赛完全一样。TopCoder、Google Code Jam 等比赛则是侧重于个人实力，对于提高算法能力有很大帮助。

可能有人会问：做多少道题目才足够？我想答案是因人而异的，没有人可以给出完美的答案，但可以说多多益善。做题其实就是一个发现不足，加强训练，提高能力，然后再发现新的不足这样的循环，螺旋式的上升。没有人能够说自己已经达到能力的上限无法提高了，一定都还有提升的空间。

当然，做题不仅看数量，也要看效果。一味地为了数量而大量做题，不能很好地总结、发现问题，效果不可能很好；为了一道题目钻研几天，从而弄清楚了一类算法，这也是一种很好的方法。每个人要找到适合自己的练习的方法，提高练习的效率。

【讨论交流】

练习是比较枯燥的，可以找自己的队友或是一些参加 ACM-ICPC 的同学，经常交流自己获取的新算法，遇到的新难题，往往既能增加知识也能得到乐趣。除了队友和身边的同伴，网络也是很好的交流平台，比如各大 OJ 和 TopCoder 的论坛。

除了算法的交流外，也要学着去看别人的代码。同样的题目和算法，100 个人有 100种实现方式，吸取别人代码的优点引为己用，可以更快地提高。同时，看别人代码对于查错也很有帮助。将来组队之后，给队友的代码查错也是必要的能力之一。

讨论交流同样也注重效率，尤其是在比赛时。两个人之间如何描述题意、描述算法，都是有讲究的。语言要有组织，表达清晰到位，简明扼要，不能产生歧义。这些在平时的讨论中就要有意识地培养。

1.3 团队的分工与配合

ACM-ICPC 竞赛要求三位选手组队参加比赛，在比赛的过程中，团队的分工与配合尤为重要。由于每支队伍只允许使用一台机器，所以一支队伍在比赛中需要分配好三个队员各自的角色和任务，从而将团队的效率发挥到最高。队员的角色一般可分为队长、解题核心以及辅助；比赛中需要完成的任务一般可分为读题、准备、编程和查错。

【角色分工】

队长

队长的主要工作是统筹规划，制定队伍的计划，并做出决策，包括比赛场上以及场下的训练。

赛场上，队长需要根据赛场的情况，合理分配时间、安排队员各自的任务以及做题顺序，同时在队员做题不顺、队伍落后的时候，给予队员鼓励。要做好这一点，队长首先要对自己两名队员的实力和特点有深入的了解，了解当面对不同问题时，不同队员的发挥水平，换句话说，队长必须知道每道题目在什么状况下给谁做效果最佳。其次，队长要对题目有较准确的定位，在了解题意之后能较快、较准确的判断该题的难度、考察方向，从而大致确定应当何时安排何人去解决该题。最后，队长要对场上其他队伍的解题情况保持关注，从其他队伍完成题目的情况中可以了解到题目的难易分布，可以帮助自己对题目进行更准确的定位，从而更好地制订自己队伍的做题规划。一般来说，队长本身不承担主要的解题任务，但需要有强大的解题实力，能够在必要时挺身而出，承担解题任务。

赛场下，队长是介于教练和队员之间的角色，队长需要将队里的问题反映给教练，也要将教练的建议转告给队员。在队伍士气低靡的时候鼓励队友，在队友紧张或兴奋的时候能够稳住队友的情绪，将队伍保持在最好的状态。

总的来说，队长不一定是编写代码能力很强的人，但需要对队员、题目甚至对手有充分的了解，在场上需要保持头脑清醒，对比赛要有宏观上的掌控力，并且能有一定的预见性，在综合考虑后能做出最适合于自己队伍的决策。

解题核心

解题核心的主要工作是承担大部分的解题任务，稳定地输出代码，因此解题核心需要具有强大的解题实力。

对解题核心来说，最重要的就是代码实力，具体来说分为代码速度以及代码正确率，需要在这两者之间找到平衡。其次解题核心的稳定性以及心理素质也非常的重要，解题核心发挥的不稳定对整个队伍来说是很严重的问题，解题核心需要做到即使是在手上有好几个代码没有通过的情况下，仍然能保持稳定的状态继续写新的题目。

辅助

辅助的主要工作是协助队友完成任务，包括读题、查错、出数据等。

一个优秀的辅助对队伍起着非常重要的作用，稳定的查错能力可以让解题核心在有题目没有通过的情况下仍能无后顾之忧的向前推进，出色的出数据能力可以确保程序对边界情况的鲁棒性从而提高队伍的正确率，细致的读题可以发现题目的细节问题从而让队伍少走弯路。辅助并不意味着实力会比队长或解题核心弱，要成为一个优秀的辅助也需要积累很多的经验以及培养一些良好的习惯，包括了解代码中相对比较容易出错的地方；读题时要做到非常的细心、耐心；要能够很全面的考虑问题，构造出能够涵盖各种情况的数据。

【赛场任务】

读题

读题，即读懂题目的条件和要求，ACM-ICPC 竞赛中的试题一般分为题目描述、输入输出数据格式、样例输入输出。对于读题来说，读懂题目的要求是首要的，明白题目解决什么问题，第二是明白题目的数据规模，一般情况下，数据规模会在输入输出要求中给出，也有的数据规模会隐藏在题目描述中，第三是理解样例，样例一般不会太过复杂，它是辅助选手了解题意以及输入输出格式的一个部分。

准备

准备，是指上机编程前的准备，一般来说分为思考算法和准备编程两个部分。在找到某道题目的解法之后，由于队友可能正在机器上编程，这时候的等待时间可以用来准备编程，准备编程是将初步成型的算法精细化，思考程序的具体架构实现、变量的定义、边界的处理等，在时间充裕的情况下，也可以思考程序写完后的调试、输出中间结果等。

编程

编程，是实现算法的过程，编程的效率受到准备的影响，准备越充分，编程的效率越高。编程中需要在速度与正确性之间做好平衡。编程中最好要养成一些良好的习惯，例如变量取名要有意义，代码格式、缩进等要易于代码的阅读，这些习惯对提高正确率以及后续的查错工作都非常的重要。

查错

查错，即检查错误，一般出现在程序没有输出正确结果或提交没有通过的情况下，也有一部分情况出现在队伍为了提高正确率，在提交程序之前，对程序进行查错。对程序的查错，需注意编译错误、边界错误、逻辑错误、格式错误和误操作错误，编译错误指的是由于裁判的编译器版本可能和选手的版本不一致，导致程序不能编译通过，这种情况应当检查每个语句所使用的语法以及引用的库函数。边界错误主要是数组的范围定义，这种情况需对照题目的数据规模进行检查。格式错误也是很常见的错误，选手在检查输出时应仔细对照试题格式要求，特别注意大小写以及标点符号的细节。逻辑错误和误操作的错误，需要对每个程序段进行仔细的阅读。在查错过程中，除了对程序的查错，也有必要重新读题，对题意的理解进行检查。总的来说，查错是一件需要细心的工作，在查错时心态要平和，将所有细节都查过一遍，再进行修改。

【分工配合】

对于刚刚参加比赛的选手，在比赛中会出现选手之间各行其是的情况。例如队友之间对题目分配以及上机时间安排等问题无法统一意见。每个人都有自己的想法，最终的结果往往是自己做自己的题目，没有体现出队伍的优势，甚至可能因为上机时间有限所以连个人的实力都无法完全发挥。

所以说，尽管队员实力可能非常出色，但是如果队员心中都只想着自己的发挥，做不出题却无休止的霸占机器，全队的战斗力就会因此大大减弱。就像足球比赛一样，一支巨星云集却毫无配合可言的球队也常常会输球。

队友之间的相互了解是一切的基础。队友之间要清楚地知道擅长什么，不擅长什么。在比赛中，应该尽量将每个题目都分配给最适合的人来做，因为就像田忌赛马一样，不同的分配策略可能带来完全不同的结局。其次，应该熟悉队友的程序设计风格，从而当队友需要帮助的时候，能快速读懂其程序，找出其中的隐患。除此以外队友之间还应该有一些默契，从场上一些很小的动作或是表情，可能都可以看出队友当时的状况。

良好的配合还要基于队友之间的相互信任。在场上，队员要信任队长，相信队长能做出适合于自己队伍的正确的决策，如果有自己的想法可以随时向队长提出，但一定要服从队长的最终决策；解题核心要信任辅助，相信他能够查出自己代码的错误，自己才能有安全感地继续写新的题目等。

良好的配合不仅需要队友间的相互了解、信任，同时需要队员能够准确地向队友表达自己的意思。比赛中，选手常常需要将题意转述给队友，若是表达不清，很可能会误导队友，给全队带来巨大的损失。不仅如此，当遇到难题的时候，需要集合全队的力量共同攻克，每个人都必须能让队友明白自己在说什么。因此，清晰地阐述自己的想法是非常重要的。

所有这些相互了解、信任，以及相互之间的交流、配合，都需要在一次一次的训练、总结中慢慢培养。有时也需要针对队伍的特点，总结出适合于自己队伍的个性的配合方式。

1.4 训 练

训练最根本的目的就是要让队伍在真正比赛的时候能够发挥出更好的水平。具体来说，就是需要提高队员个人的实力，包括代码、查错以及读题等，增强队员之间的配合与了解，培养良好的心理素质，以及制定好对场上可能发生的各种状况的应对策略。

每个队伍能够参加现场比赛的次数屈指可数，所以大量比赛的经验都是在训练中积累的。只有在足够数量、足够质量的训练之后，一个队伍才能够真正的磨合。此外，队伍还需要根据训练的情况，制定出一套适合的战术策略。

每一次训练都要认真对待。要把每一场训练当成比赛，把最终的比赛当成训练，这样才能提高训练的效果，在比赛时也能更好的发挥。

【日常训练】

训练的基本形式

最常见的训练形式主要有：

- 组队训练：完全按照比赛的形式，三人组队 5 小时训练。训练的重点是队员之间的配合，适应比赛的节奏，尝试队伍的战术策略等。
- 单挑训练：较短时间的单人训练。训练的重点是个人的实力，主要是代码实现以及查错。

训练计划

训练计划的安排主要需要注意以下三点。

- 训练强度：训练的强度要适中，太低强度达不到训练的效果，太高强度的训练容易让训练变得机械化而效率不高。建议训练强度为：正常时间每周 1～2 场组队训练，比赛临近的时候每周 3 场组队训练。单挑训练可根据队伍实际情况自行安排。
- 训练时间：组队训练的时间尽量放在和真正比赛相同的时间（即 8:30～13:30），以适应比赛的时间，使大脑习惯在这段时间能够保持清醒，尤其是中间还跨过了午餐时间。
- 各类形式的组合搭配：不能一味地只进行组队或是单挑训练，必须要穿插着进行，实力再强没有配合或是配合再强实力不行，都无法取得很好的成绩。若离比赛日期的时间较长，则重点可以放在个人实力上，而在比赛临近时，应当更多的进行组队的训练。

训练的题目来源

组队训练题目最好是选用往年比赛的真题（包括总决赛试题、各地的分区赛、子分区赛以及一些省赛或是网络选拔赛等）。尤其是在比赛临近的时候，应当选取往年同水平的真题进行训练。选用真题的好处主要是题目质量比较高，风格比较贴近于比赛。另外当时的比赛结果可以进行对照，发现自身的不足。

有些 OJ 上也会定期组织一些在线比赛，这也是一个很好的训练题目来源。参加这些在线比赛可以更好的模拟出比赛的气氛。

单挑训练的题目可以从各种 OJ 上寻找，相对来说比较推荐 TopCoder 中 Single Round Match（简称 SRM）的题目。甚至也可以把之前组队训练过的好题再拿来做单挑训练。单挑训练的题目难度不易太高，主要锻炼代码以及查错能力。

【特别训练】

除了组队训练和单挑训练两种训练的基本形式，还可以穿插加入一些特殊的训练形式，以达到不同的目的。

专题训练

专题训练即对某一算法或是某一题型等进行专题训练。

可以针对薄弱的算法和题型进行高强度的训练，以达到提高的效果。具体算法和题型的选择视情况而定。

同样，也可以从难度上来分，例如对简单题目的专题训练来提高代码的一次正确率，用代码难度不高但是想法要求较高的题目来训练思考算法的能力等。

解题核心特训

场上解题核心往往承担着很多编程任务，有时压力会比较大，所以在训练的时候就要针对这一点进行特殊的锻炼。具体来说就是一场比赛所有题目都交给解题核心一个人来进行编程，另外两名队员承担读题、想算法以及查错的任务。主要锻炼的就是解题核心在编程任务很多（而且可能还有程序没有通过）的状况下是否能够保持良好的编程状态。

读题以及交流训练

读题或是交流时产生的理解错误导致题目不能通过的例子在比赛场上时有发生。这些错误虽说都是由于不仔细读题或是交流得太急没有注意到细节这类可以避免的小错误，但是却经常能够决定比赛的结果。因此减少甚至完全避免这类错误的发生是至关重要的。

训练的方式可以是由 A 选好题目（最好是细节比较多，比较容易读错或理解错的题目）并自己精读，把细节地方都记下来，然后把这道题目再给 B 读，队员读完后再向 A 复述题意，复述完后可以看一下有什么细节漏掉了或是理解错了，找出自己读题容易漏掉的点。最好还能记录一下读题以及复述的时间，或是在规定时间内进行训练。

【训练后的总结】

训练后的总结对于训练来说至关重要，尤其是组队训练。

关于总结中需要讨论的内容，往往存在着一些误区。虽说总结中应该要让三名队员都知道每道题目的题意以及大致的算法，但这并不是主要的目的。在大致了解题目的基础上，总结应该更关注于训练过程中的决策、出现的各种状况以及相应的处理方式等，看看在这些地方是否有可以改进的。总结中首先要发现问题，可以大致还原一下训练的流程，分析一下各个时间段每个人在干什么，什么时间没有被完全利用，交流一下训练时每个人自己的一些想法。综合不同的角度才能更加完整的认识到训练中暴露的问题，之后要针对这些问题，相应的提出解决的办法，并最终解决问题。

可能有些问题一时间没有很好的解决办法，可以稍微放一放以后有能力了再解决，但绝不能隐藏问题，有问题不解决迟早会再次发生。最后，试想一下如果再进行一次相同的训练，应该怎样更好的来安排流程、如何应对场上出现的各种状况等，再把训练完整的过一遍。在这样分析总结的多了之后，自然会形成一套比较合适、比较成熟、能够经得住考验的战术，队伍才能够很好的磨合在一起，真正成为一支有战斗力的队伍。

1.5　备战分区赛

本文是根据 2009 年泰国赛区冠军 TeaM 队的经历总结而来。

【暑假训练】

正式组队之后首先迎来的是非常重要的暑假训练。暑假训练是最艰苦的一段时间，一是因为暑假天气非常热，二是训练强度比较大。但是暑假训练的效果是最好的，因为只有在暑假期间才能心无旁骛地全身心投入训练，而不用烦恼课程等与训练和比赛无关的事情。

经过一定时间的磨合之后，队伍基本确定了队员的分工与战术。队长需要把握全局的进度，同时也要作为一个算法的思考者，想出大部分题目的算法并分配给两个队员。两个队员一个要负责完成比较麻烦但是算法比较清晰的题目，另一个需要辅助队长想出另外一些题目的算法。比赛过程中，初期主要是两位队员轮流上机完成队长已经想出算法的较简单的题目，而到了比赛中后期，就分成两组，一位队员完成算法成熟但耗时较长的题目，另外两位队员主攻另外一道算法思路还不太清晰的题目。这样前后有过渡，同时不会浪费太多时间。

暑假训练中暴露出来很多问题，队伍几乎也是机房中暴露问题最彻底的。暑假训练的前期 TeaM 队在训练中名次有一定波动，但是不会太差，而到了中期则彻底崩溃，连续多次训练垫底，主要问题是经验主义以及不稳定。因为暑期做的题目大部分都是陈题，因此总是想利用印象中的解法来做题。解决这个问题的方法就是端正态度，把每一次训练当成新的训练来做，把每一道题目当成新的题目来读，所有的输入输出和处理都严格按照规范来做，摒弃那些老爷习气，这个收效很快。而不稳定问题的解决方法就是加强个人训练。当时借鉴了其他队伍的单挑习惯，定期增加个人练习，从而提高了队员的个人实力。除此之外，还有个现象是训练之后的队伍讨论都冗长而空洞，并没有很好地起到总结反思的作用。因此还给讨论时间做了个最长的规定，也就是讨论必须在一定时间内完成，避免无意义的争论和无结论的口水战。

这些问题解决之后，我们队伍的水平又再次回到了正常队伍的水准，在训练中也不再垫底。

【分区赛】

合肥赛区

暑假训练之后，大家都回家休息了一段时间之后，所有队伍的状态都有所下降。再加上学期初的杂事比较多，分散了队员们的注意力，因此很难将队伍的状态调整至暑期训练最高的水平。

合肥分区赛是队伍的第一场比赛，也是上海交大的赛季首演。然而这场比赛 TeaM 却比得非常糟糕。这场比赛的失败来源有很多：整个队伍缺乏自信，新队员初次参加比赛过于兴奋没有把注意力集中到比赛上面来，此外还中了比赛题目的一些小陷阱。

这次比赛之后也是队伍最灰暗的时期。为了在下面的两场比赛中打一个翻身仗，队伍完成了这么两项调整：一是统一思想，端正队员的比赛态度；二是狠抓算法功底，完善标准代码库（Standard Code Library，SCL），防止场上出现知道算法但不会写的情况。这两条完成之后，队伍重新又有了自信，做好了充分的准备迎接下一场分区赛。

上海赛区

上海赛区是主场作战，没有各种客观因素的干扰，也让队伍的真正实力发挥了出来，最后成功拿到了金奖。

上海赛区让队员们看到了个人实力上的一些差距，但是比赛也是讲究配合的，许多队伍都有在分区赛取得很好成绩的潜力，只要合理的分工合作，就可以将潜力转化为最终的奖杯。

普吉岛赛区

普吉岛赛区是 TeaM 参加的最后一个赛区，也是最成功的一个赛区。在本场比赛中表现最完美的方面就是战术的完美执行。无论是前期轮流做简单题还是中后期攻克难题，所有的一切都在战术的掌控范围之内。再加上题目的类型比较对胃口，最终队伍取得了冠军。

1.6　备战总决赛

本文根据 2010 年 ACM-ICPC 全球总冠军队 Rhodea 的经历总结而来。

与分区赛相比，总决赛有很多不同：

（1）竞争对手实力强。参加总决赛的队伍都是各个分区赛中数一数二的队伍。来自不同的国家和地区，不同的大陆，与亚洲赛区相比较，对手的总体实力变强了。

（2）题目类型差别。分区赛的题目风格千差万别，不同赛区的题目可以看出明显的差别。总决赛则是通过征集题目，由专家审核、推敲和修改过后选择出来的。因此，题目与分区赛有一定的差别。

（3）赛场环境。总决赛是各国选手交流的一个平台，相对而言，整个比赛的组织也更加正规。在总决赛比赛现场，可以很明显的感受到比赛带来的紧张感。

【分区赛后】

在结束了前半个赛季的分区赛比赛后，整个队伍迎来了调整和休息的时间。通过对分区赛的总结，可以很好的回顾这半个赛季的表现，以及针对其中出现的问题，采取针对性的训练方法。

Rhodea 队虽然在之前的分区赛中成绩出色，但也暴露了一些缺陷。在参加的最后一场分区赛——东京赛区的比赛中，由于罚时较多屈居亚军。具体原因就是在比赛的中期时，对题目分配上的考虑不周和配合上的一些不默契，导致被拉开了差距。最终在后期也没能追回劣势，与冠军失之交臂。

在之后的训练中，对队友间的交流和配合有了更多的重视，在训练中不停摸索更好的方法，获得了很好的效果。

总的来说，可以把最后一段时间分为三个阶段：调整、中期和冲刺。

【调整】

半个赛季的征战，多少会产生一些疲劳。在这个时候进行一些放松，做适当的调节。另外在其他方面，比如学业上，可以进行一些补习，恢复正常学习状态。

在此期间，可以减少训练量，通过训练保持状态。题目难度也较简单，重点注意在读题的准确性和每次提交的成功率上。

Rhodea 在这段时间中，依靠每周一次的训练来保持做题的感觉，同时通过专门的读题训练，来提高读题的速度和准确性。题目内容以北美赛区题目为主。一般来说，北美赛区的题目偏长，但难度不高，很适合作为调整训练的题目。

通过这段时间的训练，可以有效地减少在比赛中因为非技术原因浪费时间和精力。

【中期】

在总决赛前的 1～3 个月是备战的中期，这段时间较长，需要合理安排时间和任务，针对训练中的具体问题，进行分析和改变训练计划。这段时间里，要尝试不同战术，通过训练各种不同类型和风格的题目，找出战术中的不足之处，总结归纳出一套行之有效的方法。具体战术的选择依赖于三个人的能力和队伍的需要。

长时间的训练，也会给队伍带来一定的疲劳。可能一段时间内训练效果始终不好，也会有一定挫折感。可以适当进行一些调整，改变一下训练方式或者训练题目，尝试不同的训练战术，减少疲劳。

对训练中出现的问题要能及时有效地解决。平常训练环境相对轻松，与临场时的感觉相比，有很大差别。因此在训练中很少出现的问题会在比赛的压力中出现。如果平时没有好好解决问题，临场的感觉会更差。

训练一般选择难度和风格类似总决赛，有比赛结果的题目。一方面模拟总决赛的感觉，另一方面也可与其他队伍进行比较，找出差距。

Rhodea 当时在训练中采用的主要是当年欧洲和亚洲分区赛的题目，欧洲赛区题目质量高，有挑战性，但题目数量不多。另外，每个欧洲赛区的子赛区也有不少好的题目，可以拿来做训练。相比较而言，亚洲赛区题目多，但风格各不相同，难度也千差万别。

在训练中，队伍状态也时有起伏。有时一连几次训练都没有能超过现场比赛的冠军。通过对训练时整体流程的分析，可以得出与冠军的具体差别，例如说在选题策略上，在时间安排上等。

生活上，会安排队员都住在一起，这样可以有助于更多的互相了解和交流，熟悉相互的思维方式，也可以培养出一致的生活作息时间。

【冲刺】

最后一至两周，随着总决赛的临近，需要保证充足的休息时间，把状态调到最好。

临近总决赛的时候，会有很多网络模拟赛。虽然比赛质量没法保证，但是可以和同样参加总决赛的队伍同场竞技，也是难得的机会。

Rhodea 当时参加了几场网上热身赛，效果不错。平常的训练很难到达真正比赛时的紧张感，通过网上热身赛，可以更逼真地模拟现场状况，以利于临场的发挥。

第2章 进　　阶

2.1　如何提高读题能力

读题是解题的第一关。读题能力就是快速准确地理解一道题目的能力。在竞赛中，尤其是在比赛的前期，较强的读题能力可以使队伍能够最快地了解题目，从而能够更方便地确定解题顺序，选择更容易解决的题目入手，在比赛场上建立题数和时间的优势。反之，读题能力薄弱可能会导致赛场上对题意理解的偏差，致使该题无法通过甚至浪费很长的时间。因此，读题能力在 ACM-ICPC 竞赛中非常重要，也是必须在赛前的训练中着力提高的能力。

读题的过程分成这么几步：第一步是理解英文题面的字面意思，第二步是找出题面中的对于解题的有用信息和重点，第三步是对这些重点进行抽象并用数学语言或者程序语言进行翻译或者转述。提高读题能力的关键也就是从这几步中间下手，找准选手在这几步中的弱项，从而进行有针对性的训练。

理解英文题面的字面意思主要需要的是英语的快速阅读能力。提高英语快速阅读能力能够显著提高理解英文题面的速度和准确度。一些英文阅读培训的材料和方法也很有用。此外就是背单词扩大词汇量，同时在训练的时候尽量保证不因为查单词而停止读题。经过一段时间的练习之后，应该能够不间断地看完一篇文章，了解题目大意。

找出有用信息这一步相对于第一步难度更大一些。对于一些简洁而能表达明确数学含义的词语，例如 identical、only，需要通过多次读题做题来提高对它们的敏感度。对算法的直觉也是这一步所必需的能力，它可以帮助选手更有方向性地定位题目中相关的信息和条件。提高这些能力唯一的方法就是多练。

题目的翻译和转述能力，对于竞赛来说同样有着不可替代的作用。ACM-ICPC 竞赛是团队竞赛，因此一个选手读懂了题目，有很大的可能性需要告诉队友题目的意思。转述的清晰与否，决定了队友是否能够很快理解题目的意思。提高转述能力，需要全队共同努力，通过大量交流后熟悉队友们的说话方式。一般说来，前几句话应该描述出题目的总体意思，不要过分纠结于细节；关键的细节应该有条理的深入；说的话尽量按照重要性从大到小排列。

读题还有些"歪着"，如先看样例再读题，又如先看每一段的第一句话和最后一句话。这些其实都属于点缀性质的技巧，特殊情况下用用还行，正常读题的时候还是应该按部就班，读题还是要在保证正确性的前提下再去追求更快的速度。

2.2　如何提高代码能力

在 ACM-ICPC 竞赛中，个人能力方面，大致可以分为算法能力、代码能力和查错能力，个人能力在比赛中是非常重要的。如果拿 ACM-ICPC 和足球比赛进行比较。算法能力、代码能力和查错能力就好比盘带、传球、射门一样。一支能拿世界杯冠军的球队，虽说不仅仅由一些盘带、传球、射门的高手组成，但没有这些基本功，绝对取得不了好成绩。

对于那些大学才开始参加比赛的选手，写代码的基本功一般会比较扎实，主要瓶颈应该是算法能力。而对于高中信息学竞赛（简称 OI）转 ACM-ICPC 的选手来说。代码能力往往是最大的缺陷。随着 OI 转 ACM-ICPC 的选手逐渐增多，代码能力的问题愈发暴露了出来。

【代码能力的定义】

简单地说，如果你觉得学会了一个算法或者数据结构，你能否在半个小时内完成程序？并且经过很少的调试一次通过？如果做不到的话，只能说你还没有掌握这个算法或数据结构，接着写下去，直到达到要求，只有这样才能保证在考试的时候敢去写，而且能够写得对。

【如何提高代码能力】

在 ACM-ICPC 竞赛的级别，写代码不是在解题，而是实现早已在脑子里准备好的一个逻辑流程。这一点和大部分没有训练过的人的习惯相反。要扭转这种习惯，第一步可以做的尝试有：

（1）把准备和"敲键盘"分割为两个动作。

（2）把"敲键盘"和编译运行程序分割为两个动作。

对于参加 ACM-ICPC 竞赛的选手，以下几点是必须做到的：

（1）敲键盘中的任何时候，如果在机器上思考超过三分钟，说明没准备好，应该停下来想清楚再继续敲键盘。

（2）编译器告诉你某个变量没声明，结果你突然发现不知道应该在哪里声明它。这时候同样说明准备没做好，应该停下来想清楚。

（3）减少调试。

作为一种粗略的判断标准，"一次过样例"是很重要的。好好准备了的程序，如果经常不能写好立刻过样例数据，那一定是准备方法有问题。

如果发现程序有逻辑错，或者干脆算法有遗漏了的情况，别着急打补丁。一个补丁的背后很有可能是更多的或者更大的补丁，很多时候你遗漏的不是一个特例而是一类情况、一个大的角度，这种情况只有通过重新检查算法逻辑或者实现逻辑才能扭转过来，着急忙慌地打上补丁只会增加未来查错的负担。

换一个角度再谈如何提高代码能力，写程序和写文章是一对很好的类比。写文章需要先从宏观入手，构思文章的结构。写程序也一样。一个好的结构，就是一个好的开始。一个好的开始，是成功的一半。

一篇好的文章需要各种句式和词藻的合理组合。体现到写程序上来，就是一些单句以及三五行的小结构的熟练使用。这些都是需要平时总结和积累的。

但凡文章写得好的人，一定看过很多别人写的文章。同样的道理，多看别人的程序，用心地去看，也可以提高自己的代码能力。任何一个程序都是可以看的。一个程序，就算写得再差，总还会有一两个闪光点，要想办法把它们找出来。另外，程序里写得不好的地方，也要一一找出来。读程序，从某种角度来看，就像读史。好的历史是用来借鉴的，不好的历史则应该引以为戒。读程序也是一样，择其善者而从之，其不善者而改之。

【竞赛中的 C++ 与 Java】

C++ 与 Java 是目前竞赛中最广泛使用的两种语言，这两种语言各有特色，在竞赛中也各有用处，因此建议把熟练使用这两种语言作为提高代码能力重要的一步。

首先说一下 C++。C++ 是基于 C 语言的一种程序设计语言。它是 ACM-ICPC 竞赛中最常用的语言。C++ 的优点除了执行效率高，拥有强大的标准模板库外，更重要的一点是 C++ 把更多的细节暴露给了写程序的人。这一点如果放在工程上面可能是弱点，但却非常适合解决竞赛中的题目。

作为面向对象的王牌语言，Java 在大型工程的组织与安全性方面有着自己独特的优势，但是对于 ACM-ICPC 竞赛的具体场合，Java 则显得不那么合适。它的输入输出流的操作相比于 C++ 要繁杂很多，更为重要的是 Java 程序的运行速度要比 C++ 慢好几倍，而竞赛中对于 Java 程序的运行时限却往往得不到同等比例的放宽，这无疑对算法设计提出了更高的要求，是相当不利的。

Java 在竞赛中相对于 C++ 有种种劣势，但是 Java 有一个巨大的优势，就是其现成的高精度类 BigInteger 和 BigDecimal。在 ACM-ICPC 竞赛中，经常会遇到需要进行高精度处理的题目，这个时候，Java 中的 BigInteger 类和 BigDecimal 类就能给程序的实现带来很大的便捷，而此时如果需要使用 C++ 进行编程则大大增加了代码量，浪费了比赛中的有效代码时间。

【STL 与 SCL】

标准模板库（Standard Template Library，STL）：更准确地说是 C++ 程序设计语言标准模板库。STL 是所有 C++ 编译器和所有操作系统平台都支持的一种库。STL 的目的是标准化组件，这样用户就不用重新开发，而可以使用这些现成的，例如最常用的 sort 排序函数。

使用 STL 库中提供的容器（Container）和算法的实现可以缩减代码的长度，从而节省编写代码的时间。但是，对于一些规模很大的题目，由于执行时间效率的问题，有时候必须放弃 STL。这意味着选手们不能抱着"有了 STL 就可以不管基本算法的实现"的想法。另外，熟练和恰当地使用 STL 必须经过一定时间的积累，准确地了解各种操作的时间复杂度，切忌对 STL 中不熟悉的部分滥用，因为这其中蕴涵着许多初学者不易发现的陷阱。

标准代码库（Standard Code Library，SCL）：指的是把一些常用的算法和数据结构在比赛前自己写好并做好测试，打印出来带入赛场（赛场一般是可以带入纸质资料的），从而在赛场上可以直接抄写代码而不用再在相似的程序段上花费过多时间。

STL 和 SCL 都不是坏东西，但是需要谨慎地使用。STL 的作用是锦上添花，而不是雪中送炭。比方说，一个堆写得很熟练的队员，他可以偷偷懒，用一下 STL。但是，那些不太会写堆的队员，他首先要做的是学会并熟练掌握堆，而不是单纯地看看 STL 中堆的接口。

对于 SCL，不可否认，确实有一些人 SCL 用得很好。但有所得必有所失，平时习惯了去抄程序，必然少了很多自己构思程序的机会，从而影响代码能力的提高。此外，需要注意的是，一定要用自己整理的 SCL。

2.3　Bug 与 Debug

竞赛中不可避免地会遇到程序 Bug（漏洞），此时提交程序往往会得到各类非 Accepted 信息，例如 Wrong Answer 或者 Runtime Error。此时就需要利用各种方法来解决（Debug），也就是找出程序中写错的地方，改正程序并提交通过。常见的 Bug 有以下的情况：第一种是算法错误，这种错误是最本质的错误，往往在这种情况下需要另起炉灶重写程序；第二种是漏考虑细节，例如边界条件和特殊情况，这种情况下周密考虑一下往往就可以解决问题；第三种是无心之失，也就是写程序过程中出现的小疏漏，这种错往往只需要几秒钟就可以解决。查错过程需要定位错误并做出改正，可以使用的方法包括通读程序、重读题目、出数据和进行数据合法性检查。

【通读程序】

面对打印的代码，首先可以将程序通读一遍，检查是否存在一些诸如变量名打错、数组范围开小等低级错误，以及是否有些部分没有正确的表达算法的意思、是否会出现死循环、越界、除零等异常。第一遍通读程序非常重要，如果漏掉了一些细节，在之后将会更难发现。因此第一遍通读的时候应该放慢速度，仔细检查。

【重读题目】

在实际比赛过程中，很多时候选手在查了几遍程序后仍没有找到错误，并且算法的正确性也很确定，那么此时，不妨重新读一遍题目，检查题目的重要条件、数据范围以及之前读题时略读的那些部分，以防有遗漏的信息。如果自己还是发现不了问题，也可以找没读过此题的队友来重读题或是检查算法。

【出数据】

在读程序没有查出错的情况下，不妨从测试的角度出发，通过手动构造一些规模较小的数据或是由程序构造的一些大规模极限数据，来测试程序的正确性、鲁棒性以及效率。多从出题人的角度反向思考，找出可能的陷阱。如果有上机时间，还可以写朴素算法进行对拍，利用 dos 或 bash 脚本，进行大批量数据的检测。

【数据合法性检查】

当反复检查程序都没有发现错误，也可以考虑下题目的测试数据不合法的情况。这时可以在程序中内嵌一些检查数据合法性的代码，当数据不合法时，可以通过强制程序 Time Limit Exceeded、Runtime Error、Output limit Exceeded 等，使 judge 返回和之前不一样的结果。测试出数据不合法后，还要考虑如何解决这些不合法的问题。

【总结】

由于在赛场上的上机时间非常紧张，所以尽量把代码打印出来进行查错，而不要使用各种动态查错功能。即使情况比较复杂，肉眼观察代码很难找到错误，也尽量使用输出中间结果的方法来检查程序的执行情况，而不要使用单步跟踪、断点以及变量观察等调试工具进行查错。这个原则可能在初始练习查错的过程中非常困难，但是坚持这个原则可以大大提升 Debug 的效率和准确度。

2.4 从做题者到命题者

ACM-ICPC 的参与者有两类，做题者（也就是选手）和命题者。通常来说，刚刚接触 ACM-ICPC 的新手总是从完成别人命制的题目开始熟悉了解 ACM-ICPC 的比赛形式和赛题规律。而当对比赛有了比较成熟和深刻的了解之后，则可以逐渐成为一个合格的命题者。

在比赛中，选手的目标相对简单，就是在尽可能短的时间内，用尽可能少的提交次数完成最多的题目。相比较而言，命题者的目标就更加深刻而且复杂：命题者需要通过制定合适的题目，达到比赛所需要的区分度，既不能太难，也不能太容易。要达到这个目的，需要命题者对于题目和比赛的特性有很好的掌控。

作为一场比赛的命题者，首先需要知道的是这场比赛的定位。比赛有很多种：有的比赛属于校内选拔性质，比赛的形式是单挑，目的是选拔出下一个赛季中可用的新队员；有的比赛属于竞赛性质（例如分区赛和总决赛），参赛的主要是经过训练的学校代表队，目的是通过比赛决出冠军和一二三等奖。比赛定位的不同，决定了比赛所需要赛题的难度和梯度。

命题主要任务有三项：编制题面，设计标准算法并编写标程，以及设计测试数据。编制题面需要较好的英语表达能力以及细心，题面应该没有歧义同时容易理解。设计算法和程序与选手在赛场上的工作非常类似，不同的就是命题者有更长的时间来思考并优化程序。因此命题者需要考虑到赛场上参赛选手所在的这样一个相对紧张的时间和空间，适当放宽对于程序的要求。设计测试数据则是命题中最有挑战性的一个任务，既要让算法正确的选手能够比较顺利地通过测试数据（不需要做特别小的常数优化），也要让试图蒙混过关的选手露出马脚，同时还要考察边界条件来检验选手的细心程度。因此测试数据集需要覆盖中等大小的数据，边界数据，测试特殊条件的数据，以及极限数据。测试数据应该将似是而非的错误算法排除出去，这需要命题者揣摩参赛选手的心态，预先估计哪些错误算法有可能蒙混过关，从而有针对性的设计数据来将这些算法的提交排除在正确提交之外。

命题者实际上也是一个做题者，需要在练习与做题的过程中积累，思考，扩展已经解决的问题，提出新的想法，创造新的问题，设计题目的模型，寻找该问题的解法，再通过编程解决该题。例如对于一道题目来说，可以改变、扩大题目的数据规模，或者改变题目中的限制条件或时间空间的限制，再重新思考原算法是否仍然使用。总体来说，命题是解题、思考与拓展、提出新的问题、再解题的过程。当然命题不仅仅是将"老题翻新"的过程，选手也可以在学习算法的过程中提出问题，或者思考在生活中遇到的问题是否可以用程序解决，通过这些方法都可能创造出新的题目。对于命题者来说，最重要的是积极的思考与日常的积累。不管是命题者还是做题者，都需要努力，才能逐渐提高自己的水平，最终成为优秀的命题者和做题者。

第二部分

知识点与求解策略

第 3 章   数 学 基 础

3.1   函数增长与复杂性分类

3.1.1   渐进符号

【基本概念】

计算算法的时间复杂度时，往往并不需要花很大的力气算出太精确的结果，对于足够大的输入规模来说，我们只需要关心运行时间的增长量级，也就是研究算法的渐进效率。以下介绍几种渐进符号。

Θ记号

$$\Theta(g(n)) = \{f(n) \mid \exists n_0, c_1, c_2 > 0, \text{s.t.} \forall n > n_0, 0 \leqslant c_1 g(n) \leqslant f(n) \leqslant c_2 g(n)\}$$

对于Θ记号，$g(n)$本身必须是渐进非负的，否则集合就是空集了。所以在考虑渐进符号时，一般都要求$g(n)$本身为渐进非负。Θ记号一般用来表示一个算法对于某些输入的运行时间的确界。因为$\Theta(g(n))$是集合，可以写成$f(n) \in \Theta(g(n))$，通常也记为$f(n) = \Theta(g(n))$。可以看出，对于任意函数$f(n) \in \Theta(g(n))$，那么$c_2 g(n)$和$c_1 g(n)$分别是$f(n)$的上界和下界。所以Θ记号渐进地给出了函数的上界和下界。

比如$f(n) = 3n - 1 \in \Theta(n)$，取常数$n_0 = 1, c_1 = 2, c_2 = 3$，满足$0 \leqslant 2n \leqslant 3n - 1 \leqslant 3n$对$n > 1$成立，所以$3n - 1 = \Theta(n)$。

O记号

$$O(g(n)) = \{f(n) \mid \exists n_0, c > 0, \text{s.t.} \forall n > n_0, 0 \leqslant f(n) \leqslant cg(n)\}$$

O记号表示的是一个渐进上界，有时也被非正式地用来描述渐进上确界。当用它来表示算法的最坏情况运行时间界限时，就隐含地给出了对于任意输入的时间的上界，即$f(n) = \Theta(g(n))$隐含着$f(n) = O(g(n))$。比如，对于插入排序，最坏情况下运行时间上界$O(n^2)$对于所有输入均成立，而界$\Theta(n^2)$却不是对每种输入都成立的，比如当输入已经是排好序的数列时，运行时间为$\Theta(n) \neq \Theta(n^2)$。

o记号

$$o(g(n)) = \{f(n) \mid \forall c > 0, \exists n_0 > 0, \text{s.t.} \forall n > n_0, 0 \leqslant f(n) < cg(n)\}$$

也可以理解为 $\lim_{n\to\infty}\dfrac{f(n)}{g(n)}=0$。$o$ 记号表示的非渐进紧确的上界。

比 如 $n=o(n^2)$，因 为 $\lim_{n\to\infty}\dfrac{n}{n^2}=\lim_{n\to\infty}\dfrac{1}{n}=0$。如 果 函 数 $f(n)=\sum_{i=0}^{k}a_i n^i$，那 么 $f(n)\in o(n^{k+1})\subseteq o(n^{k+2})\subseteq\cdots$。

Ω记号

$$\Omega\big(g(n)\big)=\{f(n)|\ \exists n_0,c>0,\mathrm{s.t.}\forall n>n_0,0\leqslant cg(n)\leqslant f(n)\}$$

正如 O 记号给出了一个函数的渐进上界，Ω 记号则给出了函数的渐进下界。研究函数的渐进下界对改善算法复杂度的研究有重要意义。

比如 $2n^2=\Omega(n^2)$，取 $c=2$，即可证得。与 O 记号对称的，$f(n)=\Theta\big(g(n)\big)$ 隐含着 $f(n)=\Omega\big(g(n)\big)$。进一步，对任意两个函数 $f(n)$ 和 $g(n)$，$f(n)=\Theta\big(g(n)\big)$ 当且仅当 $f(n)=O\big(g(n)\big)$ 且 $f(n)=\Omega\big(g(n)\big)$。

ω记号

$$\omega\big(g(n)\big)=\{f(n)|\ \forall c>0,\exists n_0>0,\mathrm{s.t.}\forall n>n_0,0\leqslant cg(n)<f(n)\}$$

也可以理解为 $\lim_{n\to\infty}\dfrac{f(n)}{g(n)}=\infty$

ω 记号与 Ω 记号的关系，正如 o 记号与 O 记号的关系一样，表示的是非渐进紧确的下界。

比 如 $n^2=\omega(n)$，因 为 $\lim_{n\to\infty}\dfrac{n^2}{n}=\lim_{n\to\infty}n=\infty$。如 果 函 数 $f(n)=\sum_{i=0}^{k}a_i n^i$，那么 $f(n)\in\omega(n^{k-1})\subseteq\omega(n^{k-2})\subseteq\cdots\subseteq\omega(1)$。

【性质】

1. $O\big(g1(n)\big)+O\big(g2(n)\big)=O(\max\{g1(n),g2(n)\})$。同样，对于 Θ 和 Ω 记号也成立。
2. $O\big(g1(n)\big)\cdot O(g2(n))=O(g1(n)g2(n))$。同样，对于 Θ 和 Ω 记号也成立。

3.1.2　阶的计算

【基本概念】

在计算中，通常有如下复杂度关系：

$$c<\log n<n<n\log n<n^a<a^n<n!$$

其中 c 是常数，a 是大于 1 的常数。

对于递归算法的时间复杂度的阶的计算，一般使用主定理计算

$$T(n)=aT(n/b)+f(n)$$

$T(n)$ 的阶需要分三种情况讨论：

（1）$\exists\epsilon>0,\mathrm{s.t.}f(n)=O(n^{\log_b a-\epsilon})$，则 $T(n)=\Theta(n^{\log_b a})$。

（2）$f(n) = \Theta(n^{\log_b a})$，则 $T(n) = \Theta(n^{\log_b a} \log n)$。

（3）$\exists \epsilon > 0, s.t. f(n) = \Omega(n^{\log_b a + \epsilon})$，且 $\forall c < 1, \exists n, s.t. af\left(\dfrac{n}{b}\right) \leqslant cf(n)$，则 $T(n) = \Theta(f(n))$。

一般来说，$f(n)$ 的执行时间是多项式时间，即 $T(n) = aT(n/b) + O(n^d)$，此时主定理可以写成更简单的形式：

（1）若 $d > \log_b a$，则 $T(n) = O(n^d)$。

（2）若 $d = \log_b a$，则 $T(n) = O(n^d \log n)$。

（3）若 $d < \log_b a$，则 $T(n) = O(n^{\log_b a})$。

在满二叉树的中序（前序、后序也成立）遍历中，对一颗大小为 n 的子树，先在左子树上遍历，经过根，再在右子树上遍历。也就是说把规模为 n 的问题分成两个相似的子问题，规模皆为 $n/2$，而分解和合并的时间为 $f(n) = \Theta(1)$，所以时间复杂度的计算式为

$$T(n) = 2T(n/2) + f(n)$$

满足主定理的第一种情况，得 $T(n) = \Theta(n)$。

在归并排序中，规模为 n 的问题分成两个相似的子问题，规模皆为 $n/2$，再加上分解和合并的复杂度 $f(n) = \Theta(n)$。将其写成主定理计算的标准形式，即

$$T(n) = 2T(n/2) + f(n)$$

运用情况（2）的结论，得 $T(n) = \Theta(n \log n)$。

【用途】

对于一般的递归形式的程序，皆可使用主定理计算其时间复杂度的阶。

3.1.3　复杂性分类

【图灵机】

图灵机是一种抽象的计算模型。它有 k 个磁带，每个磁带都有一个磁头，可以对磁带的某个位置进行读或写操作。有一个磁带是输入磁带，该磁带只能进行读操作。剩下的 $k-1$ 个磁带是工作磁带，可以读也可以写。

图灵机有一个寄存器，可以存储当前机器的状态。图灵机的状态集是有限的。

根据图灵机的当前状态，机器执行每一步时，会首先读取 k 个磁带上磁头对应位置的内容，然后对 $k-1$ 个工作磁带磁头位置的内容进行修改（修改的内容可以保持不变），接着改变寄存器中的状态（可以保持不变），最后分别将每个磁头移动一个位置或保持不变。对于确定性图灵机来说，如果确定了当前状态以及 k 个磁头位置的内容，则机器执行的步骤是确定的，即机器有一套确定的规则。

可以把图灵机看做一种简化的电脑。磁带对应了内存，而规则和寄存器对应于中央处理器。

【复杂度分类】

P 复杂度类是指这样一类问题，这些问题都存在相应的确定性图灵机可以在输入长度的多项式时间内计算出结果。例如，两个整数的加法就是属于 P 的。

NP复杂度类是指这样一类问题，这些问题都存在相应的确定性图灵机可以在输入长度的多项式时间内判断一个结果是否正确。

以子集和问题为例：给定一个整数集合，需要判断该集合是否存在一个子集，该子集中的数加起来正好为 0。例如，$\{1, 2, -3, 4, -10\}$是一个满足条件的集合，因为子集$\{1, 2, -3\}$里的数加起来为 0。虽然给定输入很难有一个多项式时间的算法来判断是否存在这样一个子集，但是只需要设计一个能做加法的机器，就能判断一个子集是不是加起来为 0。所以，子集和问题是属于NP的。

不难发现，所有属于 P 的问题也属于 NP，因此 P 是 NP 的一个子集。但是，P 是否是 NP 的一个真子集，即$P \neq NP$，却是计算机理论界尚未解决的一个很重要的问题。

NPC（NP-Complete）复杂度类也是NP的一个子集，它包含了NP里面最难的问题。如果能够证明某一个NPC问题是属于 P 的，就可以证明 P 是等于NP的。

【扩展】

除了图灵机，还有其他一些抽象计算模型，如递归函数、λ演算、生命游戏等。这些模型的计算能力与图灵机完全等价，因此有著名的邱奇-图灵论题：一切直觉上认为可以计算的函数都能构造出图灵机进行计算，反之亦然。

3.2　概　率　论

3.2.1　事件与概率

【概念】

1. 样本空间：一个随机试验的所有可能结果组成的集合，标记为S。
2. 事件：S的一个子集A，$A \subseteq S$，称为事件。
3. $A \cup B$，A与B的并，即发生A或B或者两者都发生。

　　$A \cap B$，A与B的交，即A与B都发生。

　　A^c，A的补，即A不发生。

　　$A \backslash B$，A与B的差，即A发生，B不发生。

　　$\varnothing$，空集，不可能事件。

4. 概率公理：满足以下 3 个条件的函数称为概率函数。

（a）$0 \leqslant P(A) \leqslant 1$。

（b）$P(S) = 1$。

（c）如果 $A_1 A_2 A_3 \cdots$ 是一系列两两无关的事件，即对于任何 $i, j, i \neq j$，$A_i \cap A_j = \emptyset$，则

$$P\left(\bigcup_{k=1}^{\infty} A_k\right) = \sum_{k=1}^{\infty} P(A_k)$$

5. 条件概率：令 B 为一个事件满足 $P(B) > 0$，对于任一事件 A，定义 A 的关于 B 的条件概率。

$$P(A|B) = \frac{P(A \cap B)}{P(B)}$$

6. 独立：如果 A，B 满足 $P(A \cap B) = P(A)P(B)$，称 A，B 独立。

并且可以推出 $P(A) = P(A|B)$。

【性质】

1. 概率的加法公式：

$$P(A \cup B) = P(A) + P(B) - P(A \cap B)$$

2. 并的界：

$$P(A \cup B) \leqslant P(A) + P(B)$$

3. 全概率公式：

设 $B_1 B_2 B_3 \cdots B_n$ 是样本空间 S 中互不相交的一系列事件，并且满足 $S = \bigcup_{k=1}^{n} B_k$，那么对于任意事件 A

$$P(A) = \sum_{k=1}^{n} P(A | B_k)P(B_k)$$

【举例】

1. 假设有一枚硬币，对于任意一次投掷，正面朝上的概率为 p。显而易见，正面朝下的概率为 $1 - p$。

投掷这枚硬币两次，两次都朝上的概率为 p^2。因为 P(两次都朝上) $= P$(第一次朝上 $\cap$ 第二次朝上)。由于两次硬币投掷是独立的（互不影响的），所以 P(第一次朝上 $\cap$ 第二次朝上) $= P$(第一次朝上) $\times P$(第二次朝上) $= p^2$。

两次中至少一次朝上的概率 P(至少一次朝上) $= P$(第一次朝上 $\cup$ 第二次朝上)。由加法公式知概率为 $2p - p^2$。也可以从补的角度思考，两次中至少一次朝上的反面是两次都朝下，概率为 $(1 - p)^2$，所以至少一次朝上的概率为 $1 - (1 - p)^2 = 2p - p^2$。

2. 掷两次骰子，求两次和为 5 的概率。

掷两次骰子，总共有 6×6 种可能情况，其中和为 5 的有 $1 + 4$，$2 + 3$，$3 + 2$，$4 + 1$，所以概率为

$$\frac{4}{36} = \frac{1}{9}$$

3.2.2　期望与方差

【概念】

1. 随机变量

在样本空间 S 上的一个随机变量 X 是 S 上的一个取值为实数的函数。只取有限个或者可数无穷多个值的随机变量称为离散随机变量。

例如，假设 X 是表示骰子点数的随机变量。那么对于一个公平的骰子来说，$P(X = 1) = \frac{1}{6}$。

2. 数学期望

对于取值有限的离散型随机变量 X，假设 X 有概率分布 $p_j = P(X = x_j)$，则称 $E(X) = \sum_{j=1}^{n} x_j p_j$ 为 X 的数学期望，其中 n 为 X 不同取值的个数。

例如对于一个公平的骰子来说，X 是表示骰子点数的随机变量，则

$$E(X) = \frac{1}{6} \times (1 + 2 + 3 + 4 + 5 + 6) = 3.5$$

3. 方差

定义离散随机变量 X 的方差为 $\mathrm{var}(X) = E(X - E(X))^2$。称 $\sigma_X = \sqrt{\mathrm{var}(X)}$ 为 X 的标准差。

【性质】

1. 期望的线性性

对于任意一组有限个离散随机变量来说 $X_1, X_2, \cdots, X_n$

$$E\left(\sum_{i=1}^{n} x_i\right) = \sum_{i=1}^{n} E(x_i)$$

例如假设 X 是表示骰子点数的随机变量，Y 表示骰子投掷两次的点数和，由期望的线性性知 $E(Y) = E(X + X) = 2E(X) = 7$。

2. 如果 X 和 Y 是两个独立的随机变量，那么

$$E(XY) = E(X)E(Y)$$

3. 马尔科夫不等式

假设 X 是只取非负数值的随机变量，对于任意 $a > 0$，有

$$P(X \geqslant a) \leqslant \frac{E(X)}{a}$$

4. 切比雪夫不等式

对任意随机变量 X 及任意 $a > 0$，有

$$P(|X - E(X)| \geqslant a) \leqslant \frac{\text{var}(X)}{a^2}$$

【概率分布】

1. 二项分布，这个分布源于投硬币n次，假设每一次有p的概率正面朝上，那么这n次中总共出现k次正面朝上的概率。也可以解释为有一个事件A，它发生的概率为p，进行n次实验，事件A发生k次的概率。

二项分布的概率函数满足

$$p(k) = \binom{n}{k} p^k (1-p)^{n-k}$$

称为以n, p为参数的二项分布。

随机变量X表示n次试验中正面朝上的次数，由期望的线性性知，

$$E[X] = E_1[X] + \cdots + E_n[X] = n(0 \times (1-p) + 1 \times p) = np$$

其中$E_i[X]$表示第i次朝上的期望。

X的方差$\text{var}[X] = np(1-p)$。

2. 几何分布，这个分布源于投硬币n次，假设每一次有p的概率正面朝上，直到第k次才投出正面的概率。也可以解释为，一个事件A发生概率为p，第k次实验事件才发生的概率。

概率函数满足：

$$p(k) = p(1-p)^{k-1}$$

称做参数为p的几何分布。

随机变量X表示第一次朝上时掷了多少次。可以通过递归的思路列出方程求解$E(X)$

$$E[X] = p + (1-p)(E[X] + 1)$$

解的期望为$E[X] = \dfrac{1}{p}$。X的方差$\text{var}[X] = \dfrac{1-p}{p^2}$。

3.3　代　数　学

3.3.1　矩阵

【基本概念】

一个$n \times m$的矩阵是n行m列的矩形阵列，一般由数组成，下面是一个2×3的矩阵。

$$\begin{pmatrix} 1 & 2 & 3 \\ 4 & 5 & 6 \end{pmatrix}$$

矩阵$\boldsymbol{A}$的第i行，第j列，通常记为$A_{i,j}$，上面例子中$A_{1,2} = 2$。

单位矩阵$I \stackrel{\text{def}}{=} \begin{pmatrix} 1 & \dots & 0 \\ \vdots & \ddots & \vdots \\ 0 & \dots & 1 \end{pmatrix}$，也就是对角线上为 1，其他都为 0 的矩阵。

矩阵加（减）法：

矩阵的加法定义为每行每列的元素分别相加（减），即

$$C = A \pm B = \begin{pmatrix} A_{1,1} \pm B_{1,1} & \dots & A_{1,m} \pm B_{1,m} \\ \vdots & \ddots & \vdots \\ A_{n,1} \pm B_{n,1} & \dots & A_{n,m} \pm B_{n,m} \end{pmatrix}$$

矩阵乘法：

当一个矩阵的列数等于另一个的行数时，可定义该两个矩阵的乘积。

设A是$n \times m$的矩阵，B是$m \times p$的矩阵，他们的乘积C是一个$n \times p$的矩阵。其中，

$$C_{i,j} = \sum_{k=1}^{m} A_{i,k} \times B_{k,j}$$

矩阵的幂：

$$A^0 = I$$
$$A^n = A^{n-1} \times A \ (n > 0)$$

矩阵的转置：

$n \times m$的矩阵A的转置A^T是个$m \times n$的矩阵，可以通过A交换行列得到，即$A^T_{i,j} = A_{j,i}$。

矩阵的逆：

只有$n \times n$的矩阵可能存在逆，矩阵A的逆B满足

$$A \times B = B \times A = I$$

如果逆存在，则B是唯一的，一般记做A^{-1}。

【性质】

1. 矩阵乘法满足分配率、结合律，不一定满足交换率。
2. 矩阵加法满足交换率和结合律。

【算法】

矩阵满足结合律，所以在求矩阵的幂的时候可以使用快速幂加速。

【用途】

递推可以表示成向量乘以矩阵，然后用快速幂优化，比如求 Fibonacci 数列。

Fibonacci 数列为，$a_0 = 1$，$a_1 = 1$，$a_n = a_{n-1} + a_{n-2}$

每次递推可以看为$\begin{pmatrix} a_n \\ a_{n+1} \end{pmatrix} = \begin{pmatrix} a_n \\ a_{n-1} + a_n \end{pmatrix} = \begin{pmatrix} 0 & 1 \\ 1 & 1 \end{pmatrix} \times \begin{pmatrix} a_{n-1} \\ a_n \end{pmatrix}$，令$A = \begin{pmatrix} 0 & 1 \\ 1 & 1 \end{pmatrix}$，求数列第$n$项，等价于求$A^n \times \begin{pmatrix} 1 \\ 1 \end{pmatrix}$。该式可以用快速幂来加速。

3.3.2 行列式

【基本概念】

行列式是一个定义域为 $n \times n$ 的矩阵, 值域为一个标量的函数, 通常记为 $\det(A)$ 或者 $|A|$。行列式也可以表示为 n 维广义欧几里得空间中的有向体积。

一个 $n \times n$ 的行列式定义为

$$\det(A) \stackrel{\text{def}}{=} \sum_{\sigma \in S_n} (-1)^{n(\sigma)} \prod_{i=1}^{n} a_{i,\sigma(i)}$$

其中 S_n 表示集合 $\{1,2,\cdots,n\}$ 上的置换的全体, $n(\sigma)$ 是对于一个置换中逆序对的个数, 逆序对的定义为满足 $1 \leqslant i < j \leqslant n$ 且 $\sigma(i) > \sigma(j)$ 的 (i,j)。

比如一个三阶行列式:

$$\begin{vmatrix} a_{1,1} & a_{1,2} & a_{1,3} \\ a_{2,1} & a_{2,2} & a_{2,3} \\ a_{3,1} & a_{3,2} & a_{3,3} \end{vmatrix} = a_{1,1}a_{2,2}a_{3,3} + a_{1,2}a_{2,3}a_{3,1} + a_{1,3}a_{2,1}a_{3,2}$$

$$- a_{1,3}a_{2,2}a_{3,1} - a_{1,1}a_{2,3}a_{3,2} - a_{1,2}a_{2,1}a_{3,3}$$

【性质】

1. 若矩阵中一行或一列全为 0, 那么该矩阵行列式为 0。

2. 若矩阵中某一行有公因子 k, 那么可以提出 k, 比如:

$$\boldsymbol{D} = \begin{vmatrix} ka_{1,1} & \cdots & ka_{1,n} \\ \vdots & \ddots & \vdots \\ a_{n,1} & \cdots & a_{n,n} \end{vmatrix} = k \begin{vmatrix} a_{1,1} & \cdots & a_{1,n} \\ \vdots & \ddots & \vdots \\ a_{n,1} & \cdots & a_{n,n} \end{vmatrix} = kD_1$$

3. 在矩阵中某一行可拆分成两个数和, 那么该行列式可拆分成两个行列式相加。

$$\boldsymbol{D} = \begin{vmatrix} a_{1,1}+b_{1,1} & \cdots & a_{1,n}+b_{1,n} \\ \vdots & \ddots & \vdots \\ a_{n,1} & \cdots & a_{n,n} \end{vmatrix} = \begin{vmatrix} a_{1,1} & \cdots & a_{1,n} \\ \vdots & \ddots & \vdots \\ a_{n,1} & \cdots & a_{n,n} \end{vmatrix} + \begin{vmatrix} b_{1,1} & \cdots & b_{1,n} \\ \vdots & \ddots & \vdots \\ a_{n,1} & \cdots & a_{n,n} \end{vmatrix}$$

4. 交换矩阵的两行, 行列式取反。

$$\boldsymbol{D} = \begin{vmatrix} a_{1,1} & \cdots & a_{1,n} \\ \vdots & \ddots & \vdots \\ a_{n,1} & \cdots & a_{n,n} \end{vmatrix} = - \begin{vmatrix} a_{n,1} & \cdots & a_{n,n} \\ \vdots & \ddots & \vdots \\ a_{1,1} & \cdots & a_{1,n} \end{vmatrix}$$

5. 将一行的 k 倍加到另一行上, 行列式不变。

$$\boldsymbol{D} = \begin{vmatrix} a_{1,1} & \cdots & a_{1,n} \\ \vdots & \ddots & \vdots \\ a_{n,1} & \cdots & a_{n,n} \end{vmatrix} = \begin{vmatrix} a_{1,1}+ka_{n,1} & \cdots & a_{1,n}+ka_{n,n} \\ \vdots & \ddots & \vdots \\ a_{n,1} & \cdots & a_{n,n} \end{vmatrix}$$

6. 转置, 行列式不变, $|\boldsymbol{A}| = |\boldsymbol{A}^{\mathrm{T}}|$。

7. 由上述性质可以得出, 当矩阵是上三角矩阵或者是下三角矩阵时, 行列式的值等于对角线的乘积。

【算法】

一个常见的求解矩阵行列式的算法是利用性质 5 对矩阵做行变换，将矩阵转化成为上三角矩阵，再利用性质 7 得出行列式的值。

例如要求以下矩阵的行列式：

$$\begin{vmatrix} 1 & 1 & 1 \\ 1 & 3 & 2 \\ 1 & 5 & 6 \end{vmatrix}$$

通过行变换可以将矩阵消成上三角阵：

$$\begin{vmatrix} 1 & 1 & 1 \\ 0 & 2 & 1 \\ 0 & 0 & 3 \end{vmatrix}$$

由性质 7 可以知道，矩阵的行列式为 $1 \times 2 \times 3 = 6$。

3.3.3　解线性方程组

【基本概念】

解线性方程组即求解方程组

$$\begin{cases} a_{1,1}x_1 + a_{1,2}x_1 + \cdots + a_{1,n}x_n = b_1 \\ \vdots \\ a_{m,1}x_1 + a_{m,2}x_1 + \cdots + a_{m,n}x_n = b_m \end{cases}$$

也可以表示为 $\boldsymbol{Ax} = \boldsymbol{b}$，其中 $\boldsymbol{A}$ 是 $m \times n$ 的矩阵，$\boldsymbol{x}$ 是 n 维列向量，$\boldsymbol{b}$ 是 m 维列向量，即

$$\begin{pmatrix} a_{1,1} & \cdots & a_{1,n} \\ \vdots & \ddots & \vdots \\ a_{m,1} & \cdots & a_{m,n} \end{pmatrix} \begin{pmatrix} x_1 \\ \vdots \\ x_n \end{pmatrix} = \begin{pmatrix} b_1 \\ \vdots \\ b_m \end{pmatrix}$$

【算法】

1. 高斯消元

矩阵的初等变换：

（1）行初等变换：

a. 互换矩阵的两行。

b. 用非零的常数乘矩阵的某一行。

c. 某行的 k 倍加到另一行。

（2）列初等变换：

a. 互换矩阵的两列。

b. 用非零的常数乘矩阵的某一列。

c. 某行的 k 倍加到另一列。

对于上述的方程组，可以用一个增广矩阵表示出来：

$$\begin{pmatrix} a_{1,1} & \cdots & a_{1,n} & b_1 \\ \vdots & \ddots & \vdots & \vdots \\ a_{m,1} & \cdots & a_{m,n} & b_m \end{pmatrix}$$

在一般情况下的高斯消元算法，只需要利用行初等变换，将矩阵消成上三角矩阵，即可简单地计算出线性方程的解。

一般性的做法是对每列依次处理，比如当前处理到第j列，第i行以前的行已经固定下来了，需要将第i行以下该列的所有系数变为 0。若第i行以下包括第i行本身的第j个元素已经全部是 0 了，就直接跳到下一列处理。否则选取一个第j个元素不为 0 的行与第i行交换（若第i行的第j列本身就不为 0，跳过此步骤）。此时称第i行为主行，主行的第j个元素称为主元，再利用行变换 3 将第j列上第i行以下的所有系数消为 0，然后跳到下一列和下一行进行处理。最后初始矩阵就被消成了一个上三角矩阵。

用一个例子来说明，解如下方程组：

$$\begin{cases} 1 \times x_1 + 1 \times x_2 + 1 \times x_3 = 1 \\ 1 \times x_1 + 1 \times x_2 + 2 \times x_3 = 2 \\ 1 \times x_1 + 2 \times x_2 + 3 \times x_3 = 6 \end{cases}$$

先把它用一个3×4的增广矩阵表示出来：

$$\begin{pmatrix} 1 & 1 & 1 & 1 \\ 1 & 1 & 2 & 2 \\ 1 & 2 & 3 & 6 \end{pmatrix}$$

第一次处理第一列，选取第一行作为主行，第一行第一列的元素 1 作为主元，接下来实施行初等变换 3，将第二行到第三行的第一列全部消成 0，即将第一行的-1倍加到第二行和第三行上：

$$\begin{pmatrix} 1 & 1 & 1 & 1 \\ 1 & 1 & 2 & 2 \\ 1 & 2 & 3 & 6 \end{pmatrix} \rightarrow \begin{pmatrix} 1 & 1 & 1 & 1 \\ 0 & 0 & 1 & 1 \\ 1 & 2 & 3 & 6 \end{pmatrix} \rightarrow \begin{pmatrix} 1 & 1 & 1 & 1 \\ 0 & 0 & 1 & 1 \\ 0 & 1 & 2 & 5 \end{pmatrix}$$

第二次处理第二列，选取第三行作为主行，第三行第二列的元素 1 作为主元，利用行初等变换将第三行与第二行进行一次交换，之后发现没必要用行初等变换 3 继续处理：

$$\begin{pmatrix} 1 & 1 & 1 & 1 \\ 0 & 0 & 1 & 1 \\ 0 & 1 & 2 & 5 \end{pmatrix} \rightarrow \begin{pmatrix} 1 & 1 & 1 & 1 \\ 0 & 1 & 2 & 5 \\ 0 & 0 & 1 & 1 \end{pmatrix}$$

最后得到一个上三角矩阵，开始计算答案，根据消元得到的矩阵的第三行，可以看出$x_3 = 1$，将结果往回带到第二行，可以得到$x_2 = 3$，再将两个值回带到第一行，得到$x_1 = -3$。

要注意的是在往回求解的过程中，有可能出现$0 \times x_i = 0$的情况，这表示该方程组有无穷多解，也有可能出现$0 \times x_i = a(a \neq 0)$的情况，这表示该方程组无解。其余的情况都表示方程组有唯一解，并且我们可以简单的计算出来。

2. 克莱姆法则

当A为$n \times n$的矩阵时，可使用克莱姆法则求解，方程的解为：

$$x_i = \frac{D_i}{D}$$

其中 D 是 $\boldsymbol{A}$ 的行列式 $\boldsymbol{D} = |A|$，D_i 是将 $\boldsymbol{A}$ 中第 i 列替换为 b 后得到的矩阵的行列式。

比如就在上面那个例子中，求解 x_2，已知

$$\boldsymbol{D} = \begin{vmatrix} 1 & 1 & 1 \\ 1 & 1 & 2 \\ 1 & 2 & 3 \end{vmatrix} = -1, \quad \boldsymbol{D}_2 = \begin{vmatrix} 1 & 1 & 1 \\ 1 & 2 & 2 \\ 1 & 6 & 3 \end{vmatrix} = -3$$

很快就可以得到：

$$x_2 = \frac{\boldsymbol{D}_2}{\boldsymbol{D}} = 3$$

结果和上面算到的一致。

【用途】

1. 求解可逆矩阵的逆矩阵：

对于一个 $n \times n$ 的非奇异矩阵，在矩阵右侧补上一个 $n \times n$ 的单位矩阵。对于这个 $n \times (2n)$ 的矩阵通过高斯消元，使得这个矩阵左侧变为一个 $n \times n$ 的单位矩阵。这时，右侧那个 $n \times n$ 的矩阵即为原矩阵的逆矩阵。

例如，求解下列矩阵的逆，先把矩阵右侧补上一个单位矩阵：

$$\begin{pmatrix} 1 & 1 & 1 \\ 1 & 1 & 2 \\ 1 & 2 & 3 \end{pmatrix} \rightarrow \begin{pmatrix} 1 & 1 & 1 & 1 & 0 & 0 \\ 1 & 1 & 2 & 0 & 1 & 0 \\ 1 & 2 & 3 & 0 & 0 & 1 \end{pmatrix}$$

对它进行高斯消元，可以得到：

$$\begin{pmatrix} 1 & 1 & 1 & 1 & 0 & 0 \\ 1 & 1 & 2 & 0 & 1 & 0 \\ 1 & 2 & 3 & 0 & 0 & 1 \end{pmatrix} \rightarrow \begin{pmatrix} 1 & 0 & 0 & 1 & 1 & -1 \\ 0 & 1 & 0 & 1 & -2 & 1 \\ 0 & 0 & 1 & -1 & 1 & 0 \end{pmatrix}$$

于是以下矩阵就是所要求的原矩阵的逆了：

$$\begin{pmatrix} 1 & 1 & -1 \\ 1 & -2 & 1 \\ -1 & 1 & 0 \end{pmatrix}$$

2. 同模方程组也可使用高斯消元，在除法时用乘逆元代替。由于只有在模为素数情况下，非零数的逆元才唯一，所以，素数模才能保证有唯一解。

3. 求解行列式的值。通过高斯消元，将矩阵消成上三角。行列式的值即为对角线上所有数的乘积。

【扩展】

1. 由于在消元过程中需要用除法，所以会有浮点运算精度的问题。不同的消元顺序可能会导致较大的差异，推荐使用绝对值较大的主元进行消元，能达到比较好的效果。

2. 可以使用辗转相除代替直接除法，这样可以保证系数为整数，保证精度。不过整数可能会比较大。

3.3.4　多项式

【基本概念】

这里主要讨论一元多项式。给定一个数域R，变量x，一元多项式的形式是：

$$f(x) = \sum_{i=0}^{n} a_i x^i$$

其中$a_i \in R$，并且$a_n \neq 0$。

多项式的项数等于a_i中不为 0 的个数。

多项式的次数等于n。

多项式中次数最高的项成为首项，首项的系数等于一即$a_n = 1$的多项式称做首一多项式。

多项式加（减）法：对应次数系数相加（减）。例如：

$$f(x) \pm g(x) = \sum_{i=0}^{n} a_i x^i \pm \sum_{i=0}^{n} b_i x^i = \sum_{i=0}^{n} (a_i \pm b_i) x^i$$

多项式乘法：两个多项式的每一项都相乘，例如：

$$f(x) \cdot g(x) = \sum_{i=0}^{n} a_i x^i \cdot \sum_{i=0}^{n} b_i x^i = \sum_{i=0}^{n} \sum_{j=0}^{n} a_i b_j x^{i+j}$$

多项式除法与整数除法类似，例如求$\dfrac{x^3 + 4x^2 + 2x + 3}{x^2 + 3}$：

$$
\begin{array}{r}
x+4 \\
x^2+3 \overline{)\, x^3 + 4x^2 + 2x + 3} \\
\underline{x^3 + 0x^2 + 3x} \\
4x^2 - \ x + 3 \\
\underline{4x^2 + 0x + 12} \\
-x - 9
\end{array}
$$

其中商是$x + 4$，余式是$-x - 9$。

多项式$g(x)$整除$f(x)$，当存在多项式$h(x)$，$f(x) = g(x)h(x)$，$g(x)$称做$f(x)$的因式。同整数的因数分解类似，多项式也可以进行因式分解。

如果多项式$d(x)$是$f(x)$的因式也是$g(x)$的因式，那么称$d(x)$是$f(x)$和$g(x)$的公因式。

多项式$d(x)$称为$f(x)$和$d(x)$的最大公因式如果它满足，$d(x)$是$f(x)$和$g(x)$的公因式，且$f(x)$和$g(x)$的所有公因式都是$d(x)$的因式，记作$gcd(f(x)，g(x))$。

多项式的根即方程$f(x) = 0$的解。

【性质】

1. $(1+x)^n = \sum_{i=0}^{n} C_n^i x^i$，其中 C_n^i 为组合数。

2. n 个点可以唯一确定一个 n 次多项式。

3. 一个 n 次多项式有 n 个复数根。

【算法】

用牛顿迭代法求解方程的根。

选择一个靠近多项式 $f(x)$ 零点的点 x_0 作为迭代初值，计算 $f(x_0)$ 和 $f'(x_0)$，解方程：

$$x \cdot f'(x_0) + f(x_0) - x_0 \cdot f'(x_0) = 0$$

得到解 x_1。如此往复迭代，可求出多项式的一个根。

3.3.5 复数

【基本概念】

复数是由实部和虚部组成的数，通常有两种表示方法，$z = a + bi$，a 和 b 都是实数，i 是虚单位根，满足 $i^2 = -1$，$|z| \stackrel{\text{def}}{=} \sqrt{x^2 + y^2}$，表示复数的模长。复数也可以表示为 $z = Re^{i\varphi} = R(\cos(\varphi) + i\sin(\varphi))$，其中 $R = |z|$，$e^{i\varphi} = \cos(\varphi) + i\sin(\varphi)$。图 3-1 为复数在二维平面上的表示，其中横轴为实数轴，纵轴为虚数轴。

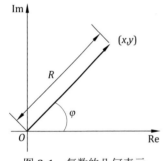

图 3-1　复数的几何表示

两复数相等当且仅当它们的实部与虚部分别相等。

复数四则运算：

1. 加法：$(a + bi) + (c + di) = (a + c) + (b + d)i$。

2. 减法：$(a + bi) - (c + di) = (a - c) + (b - d)i$。

3. 乘法：

$$(a + bi) \times (c + di) = (ac - bd) + (bc + ad)i.$$

$$r1(\cos(\varphi1) + i\sin(\varphi1)) \times r2(\cos(\varphi2) + i\sin(\varphi2))$$
$$= r1 \times r2(\cos(\varphi1 + \varphi2) + i\sin(\varphi1 + \varphi2))$$

4. 除法：$\dfrac{(a+bi)}{(c+di)} = \left(\dfrac{ac+bd}{c^2+d^2}\right) + \left(\dfrac{bc-ad}{c^2+d^2}\right)i$

复数的运算满足结合律、分配律和交换律。

复数可以表示为实数平面中的一个向量，复数的乘法可以理解为两个向量的角度相加，模长相乘，因此用复数的乘法处理向量的旋转非常的方便。具体来说，如果一个向量 (x, y) 旋转 φ，可以视为两个复数，$x + yi$ 乘以 $\cos(\varphi) + \sin(\varphi)i$，等于

$$xcos(\varphi) - ysin(\varphi) + (ycos(\varphi) + xsin(\varphi))i$$

所以旋转后坐标为$(xcos(\varphi) - ysin(\varphi), \ ycos(\varphi) + xsin(\varphi))$。

3.3.6 群

【基本概念】

群

在数学中，群是一种代数结构，由一个集合 S 与一个二元运算·组成，要成为群，还需要满足一些条件，这些条件被称为"群公理"，即封闭性、结合律、单位元和逆元。

1. 封闭性即$\forall a, b \in S, a \cdot b \in S$。

2. 结合律即$\forall a, b, c \in S, (a \cdot b) \cdot c = a \cdot (b \cdot c)$。

3. 单位元即有一个元素e，$\forall a \in S, e \cdot a = a \cdot e = a$（在群 G 中常用$1_G$或 1 表示单位元）。

4. 逆元即$\forall a \in S, \exists b \in S, a \cdot b = b \cdot a = e$，记$b = a^{-1}$。

可以定义元素a的幂为：$a^0 = e$，$a^n = a^{n-1} \cdot a$，$a^{-n} = (a^n)^{-1}$。

值得注意的是，二元运算·仅表示抽象的运算符号，在不同的群中解释不同。在不引起歧义的情况下经常将符号·省略。

整数加法群$(\mathbb{Z}, +, 0)$，是由整数$\mathbb{Z}$和整数加法运算+组成。其单位元 0；封闭性：$\forall a, b \in \mathbb{Z}, a + b \in \mathbb{Z}$；结合律：$\forall a, b, c \in \mathbb{Z}, (a + b) + c = a + (b + c)$；逆元：$\forall a \in \mathbb{Z}, a^{-1} = -a$。

群$(\mathbb{R}^*, \times, 1)$，它是由非零实数$\mathbb{R}^* = \mathbb{R} \backslash \{0\}$和实数乘法×组成。其单位元 1；封闭性：$\forall a, b \in \mathbb{R}^*, a \times b \in \mathbb{R}^*$；结合律：$\forall a, b, c \in \mathbb{R}^*, (a \times b) \times c = a \times (b \times c)$；逆元：$\forall a \in \mathbb{R}^*, a^{-1} = 1/a$。

子群

设G是群，$\emptyset \neq H \subseteq G$，若$H$具封闭性、单位元、逆元，称$H$是$G$的一个子群，记号$H \leqslant G$。换句话说，若$1_G = 1_H \in H$；$\forall a, b \in H, a \cdot b \in H$；$\forall a \in H, a^{-1} \in H$，则$H$是$G$的一个子群。作为群公理之一的结合律，因为$H$继承了$G$的运算，所以自然成立，因此，子群也是群。

考虑整数加法群$(\mathbb{Z}, +, 0)$，自然可以想到，在偶整数上做加法可以成群，如$0 + 2 = 2$，$2 + 4 = 6 \cdots$定义$2\mathbb{Z} = \{2x : x \in \mathbb{Z}\}$为整数上的所有偶数，则$(2\mathbb{Z}, +, 0)$是$(\mathbb{Z}, +, 0)$的子群。

事实上，对任意整数 b，定义$b\mathbb{Z} = \{bx : x \in \mathbb{Z}\}$，则$(b\mathbb{Z}, +, 0)$是$(\mathbb{Z}, +, 0)$的子群。

元素的阶

在群G中，定义元素g的阶$o(g)$，为使$g^n = 1_G$成立的最小自然数n；如果此自然数不存在，则记作$o(g) = \infty$。

循环群

设g是群G中一个取定的元素，若群G的任意一个元素a可以写成$a = g^n, n \in \mathbb{Z}$的形式，则称$G$循环群称$g$为群$G$的一个生成元，可写成$G = <g>$。

在整数加法群上做一些小修改可以做出另一个有意思的循环群 $(\mathbb{Z}_n, \tilde{+}, 0)$，其中 $\mathbb{Z}_n = \{0, 1, \cdots, n-1\}$，同余加法 $\tilde{+}$ 定义为 $\forall a, b \in \mathbb{Z}_n, a \tilde{+} b = (a+b) \bmod n$。在这里 $1^n = 0$，也就是说 $1 \tilde{+} 1 \tilde{+} \cdots \tilde{+} 1 = 0$（$n$ 个 1 相加模 n 余 0）。所以，$(\mathbb{Z}_n, \tilde{+}, 0) = <1>$ 是 n 阶循环群。

交换群

具有交换性的群称为交换群。交换性：$\forall a, b \in G, ab = ba$。

整数加法群 $(\mathbb{Z}, +, 0)$ 是交换群，因为整数加法满足交换律。一般线性群 $\mathrm{GL}(n)$ 由所有 $n \times n$ 的可逆矩阵和矩阵乘法组成，它不是交换群，因为矩阵乘法不满足交换律。

置换群

设 A 是一个非空集合，A^A 是 A 到 A 上的所有的置换的集合，在 A^A 上定义二元运算为映射的复合。因为映射的复合满足结合律，记 S 为 A 上所有可逆映射的集合，则 S 关于映射的复合构成群。

当 A 是有限集合时，可设 $A = \{1, 2, \cdots, n\}$，则 A 上的可逆变换可表示为

$$f = \begin{pmatrix} 1 & 2 & \cdots & n-1 & n \\ i_1 & i_2 & \cdots & i_{n-1} & i_n \end{pmatrix}$$

其中 $i_1 i_2 \cdots i_n$ 为一个 n-排列，i_j 表示将 j 位置上的元素换到 i_j 位置。这样一个变换称作 n 次置换，形成的群称作 n 次置换群。所有 n 次置换形成的群记做 S_n。

例如置换 $\begin{pmatrix} 1 & 2 & 3 \\ 2 & 1 & 3 \end{pmatrix}$ 作用在排列 (a, b, c) 后得到的排列是 (b, a, c)，可以看出该置换的作用是将 1 号、2 号位置上的元素互换。而排列 (b, a, c) 被 $\begin{pmatrix} 1 & 2 & 3 \\ 3 & 2 & 1 \end{pmatrix}$ 作用后变成了 (c, a, b)，可以看出该置换的作用是将 1 号、3 号位置上的元素互换。将置换 $\begin{pmatrix} 1 & 2 & 3 \\ 2 & 1 & 3 \end{pmatrix}$ 和 $\begin{pmatrix} 1 & 2 & 3 \\ 3 & 2 & 1 \end{pmatrix}$ 复合可得 $\begin{pmatrix} 1 & 2 & 3 \\ 3 & 2 & 1 \end{pmatrix} \begin{pmatrix} 1 & 2 & 3 \\ 2 & 1 & 3 \end{pmatrix} = \begin{pmatrix} 1 & 2 & 3 \\ 3 & 1 & 2 \end{pmatrix}$（置换的复合运算顺序为右结合）。将 $\begin{pmatrix} 1 & 2 & 3 \\ 3 & 1 & 2 \end{pmatrix}$ 作用在排列 (a, b, c) 上可得 (c, a, b)，与依次作用置换 $\begin{pmatrix} 1 & 2 & 3 \\ 2 & 1 & 3 \end{pmatrix}$ 和 $\begin{pmatrix} 1 & 2 & 3 \\ 3 & 2 & 1 \end{pmatrix}$ 的结果一致。

3 阶置换群 S_3 中元素是 3 次置换，可以表示为 $f = \begin{pmatrix} 1 & 2 & 3 \\ i_1 & i_2 & i_3 \end{pmatrix}$，将 $i_1 i_2 i_3$ 替换为 3-排列。则 $S_3 = \left\{ \begin{pmatrix} 1 & 2 & 3 \\ 1 & 2 & 3 \end{pmatrix}, \begin{pmatrix} 1 & 2 & 3 \\ 1 & 3 & 2 \end{pmatrix}, \begin{pmatrix} 1 & 2 & 3 \\ 2 & 1 & 3 \end{pmatrix}, \begin{pmatrix} 1 & 2 & 3 \\ 2 & 3 & 1 \end{pmatrix}, \begin{pmatrix} 1 & 2 & 3 \\ 3 & 1 & 2 \end{pmatrix}, \begin{pmatrix} 1 & 2 & 3 \\ 3 & 2 & 1 \end{pmatrix} \right\}$。

还有另一种表示置换的方法。若 $(i_1, i_2, \cdots, i_k)$ 满足 $f(i_1) = i_2, f(i_2) = i_3, \cdots, f(i_{k-1}) = i_k, f(i_k) = i_1$，称 $(i_1, i_2, \cdots, i_k)$ 为一个循环节。显然，一个置换可以拆成若干个循环节，所以可以将置换用循环节表示。例如，$f = \begin{pmatrix} 1 & 2 & 3 & 4 & 5 \\ 2 & 3 & 1 & 4 & 5 \end{pmatrix}$ 可以表示为 $(1, 2, 3)(4)(5)$。

S_3 在这种表示方法下写为 $S_3 = \{(1)(2)(3), (1)(2, 3), (1, 2)(3), (1, 2, 3), (1, 3, 2), (1, 3)(2)\}$。

一个有代表性的置换群是二面体群 D_n：空间中的一个含 n 个顶点的二面体（即平面的 n 边形）上，由所有旋转和关于某个对称轴的翻转所组成的群叫做一个二面体群。以 $n = 3$ 为例，通常取平分 n 边的对称轴为固定轴，记顺时针旋转一个单位为 $\sigma = (1, 2, 3)$，绕对称轴翻转为 $\tau = (1)(2, 3)$，则 $D_3 = <\sigma, \tau> = \{1, \sigma, \sigma^2, \tau, \sigma\tau, \sigma^2\tau\}$。相应的图示如图 3-2 所示。

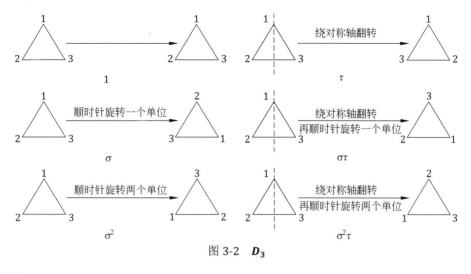

图 3-2　D_3

群作用

设 G 为群，S 为集合，考虑一个映射 $\circ$。

$$G \times S \to S$$
$$(g, x) \mapsto g \circ x$$

若此映射满足

（a）$1_G \circ x = x, \forall x \in S$。

（b）$(gh) \circ x = g \circ (h \circ x), \forall x \in S, \forall g, h \in G$。

则称映射 $\circ$ 是 G 在 S 上的一个群作用。

S_3 在 $T = \{a, b, c\}$ 上有群作用 $\circ$：

$$S_3 \times T \to T$$
$$(f, t) \mapsto f \circ t = f(t)$$

例如对于 $f = \begin{pmatrix} 1 & 2 & 3 \\ 2 & 3 & 1 \end{pmatrix}$，$f \circ a = f(a) = b, f \circ b = f(b) = c, f \circ c = f(c) = a$。

轨道

设 $\circ$ 是 G 在 S 上的一个群作用，对于一个元素 $x \in S$，集合 $O_x = \{g \circ x | g \in G\}$ 称为 x 所在的轨道，也记为 $G \circ x$。

可以从轨道诱导出集合上的一个等价关系。若已知集合 S 和作用在 S 上的群 G，定义集合 S 上的二元关系 ~，$\forall x, y \in S$，$x \sim y$ 如果 $O_x = O_y$。

以 S_3 的 2 阶子群 $\left\{ \begin{pmatrix} 1 & 2 & 3 \\ 1 & 2 & 3 \end{pmatrix}, \begin{pmatrix} 1 & 2 & 3 \\ 2 & 1 & 3 \end{pmatrix} \right\}$ 为例，作用在集合 $T = \{a, b, c\}$ 上。T 中元素 a 和元素 b 所在的轨道皆为 $O_a = O_b = \{a, b\}$，而 $O_c = \{c\}$。易见 $a \sim b$。在这个等价关系下，T 可以被分成两个不相交的等价类 $\{a, b\}$ 和 $\{c\}$。

稳定子

设。是G在S上的一个群作用，对于一个元素$x \in S$，集合$Stab_x = \{g \in G | g \circ x = x\}$ 称为x在G中的稳定子。不难发现，$Stab_x$为G的一个子群。

以S_3作用在$T = \{a, b, c\}$上为例子，T中元素b能被那些$f(b) = b$的置换f稳定，从而

$$Stab_b = \left\{ \begin{pmatrix} 1 & 2 & 3 \\ 1 & 2 & 3 \end{pmatrix}, \begin{pmatrix} 1 & 2 & 3 \\ 3 & 2 & 1 \end{pmatrix} \right\}.$$

一个元素x的稳定子$Stab_x$与轨道O_x有如下关系

$$|O_x| = \frac{|G|}{|Stab_x|}$$

其中$|\cdot|$表示集合的大小。

3.4 组 合 学

3.4.1 排列与组合

【基本概念】

1. 加法原理：设集合S划分为部分$S_1, S_2, \cdots, S_m$。则S的元素的个数可以通过找出它的每一部分的元素的个数来确定，把这些数相加，得到：

$$|S| = |S_1| + |S_2| + \cdots + |S_m|$$

2. 乘法原理：令S是元素的序偶(a, b)的集合，其中第一个元素a来自大小为p的一个集合，而对于a的每个选择，元素b存在着q种选择。于是：

$$|S| = p \times q$$

3. n个元素中的r个元素的有序摆放称为n个元素的集合S的一个r-排列。n个元素集合的r-排列的数目用$P(n, r)$来表示。

4. n个元素中对r个元素的无序选择称为n个元素的集合S的一个r-组合。n个元素集合的r-组合的数目用$\binom{n}{r}$或$C(n, r)$来表示。

5. 如果S是一个多重集，那么S的一个r-排列是S的r个元素的一个有序排放。如果S的元素总个数是n，那么S的n-排列也将成为S的排列。

【举例】

设$S = \{a, b, c\}$，S的所有 2-排列为$\{ab, ac, ba, bc, ca, cb\}$，共有$P(3,2) = 6$个，$S$的所有 2-组合为$\{ab, ac, bc\}$，共有$C(3,2) = 3$个。注意，组合中的元素位置可以任意交换，因此$ab$和$ba$为同样的组合。

若多重集$S = \{a, a, b\}$，则S的 2-排列全体为$\{aa, ab, ba\}$，S的 2-组合全体为$\{aa, ab\}$。

【性质】

1. 对于正整数 n 和 r，$r \leqslant n$，有

$$P(n,r) = n \times (n-1) \times (n-2) \times \cdots \times (n-r+1) = \frac{n!}{(n-r)!}$$

2. n 个元素的集合的循环 r-排列的个数由

$$\frac{P(n,r)}{r} = \frac{n!}{r(n-r)!}$$

给出。特别地，n 个元素的循环排列的个数是 $(n-1)!$。

3. 对于 $0 \leqslant r \leqslant n$，

$$P(n,r) = r! \binom{n}{r}$$

因此

$$\binom{n}{r} = \frac{n!}{r!(n-r)!}$$

4. 令 S 是一个多重集，它有 k 个不同类型的元素，每一个元素都有无穷重复个数。那么 S 的 r-排列的个数为 k^r。

5. 令 S 是一个多重集，有 k 个不同类型的元素，各元素的重数分别为 $n_1, n_2, \cdots, n_k$。设 S 的大小为 $n = n_1 + n_2 + \cdots + n_k$。则 S 的排列数等于

$$\frac{n!}{n_1! n_2! \cdots n_k!}$$

3.4.2　鸽巢原理

【基本概念】

鸽巢原理，又称抽屉原则，有如下几个形式。

1. 简单形式：如果 $n+1$ 个物体被放进 n 个盒子，那么至少有一个盒子包含两个或更多的物体。

2. 加强形式：令 $q_1, q_2, \cdots, q_n$ 为正整数。如果将

$$q_1 + q_2 + \cdots + q_n - n + 1$$

个物体放入 n 个盒子内，那么，或者第一个盒子至少含有 q_1 个物体，或者第二个盒子至少含有 q_2 个物体……或者第 n 个盒子至少含有 q_n 个物体。

【性质】

1. 如果将 n 个物体放入 n 个盒子并且没有一个盒子是空的，那么每个盒子恰好包含一个物体。

2. 如果将n个物体翻入n个盒子并且没有盒子被放入多于一个的物体，那么每个盒子里有一个物体。

3. 如果n个非负整数$m_1, m_2, \cdots, m_n$的平均数大于$r-1$：

$$\frac{m_1 + m_2 + \cdots + m_n}{n} > r - 1$$

那么至少有一个整数大于或等于r。

3.4.3 容斥原理

【基本概念】

1. 容斥原理：集合S不具有性质$P_1, P_2, \cdots, P_m$的物体的个数由下式给出：

$$|\overline{A_1} \cap \overline{A_2} \cap \cdots \cap \overline{A_m}| = |S| - \sum_{i=1}^{m} |A_i| + \sum_{i,j: i<j} |A_i \cap A_j| - \sum_{i,j,k: i<j<k} |A_i \cap A_j \cap A_k|$$
$$+ \cdots + (-1)^m |A_1 \cap A_2 \cap \cdots \cap A_m|$$

其中A_i表示S中具有性质P_i的集合，$\overline{A_i}$表示A_i在集合S中的补集。

2. 推论：至少具有性质$P_1, P_2, \cdots, P_m$之一的集合S的物体的个数由下式给出：

$$|A_1 \cup A_2 \cup \cdots \cup A_m| = \sum_{i=1}^{m} |A_i| - \sum_{i,j: i<j} |A_i \cap A_j| + \sum_{i,j,k: i<j<k} |A_i \cap A_j \cap A_k|$$
$$+ \cdots + (-1)^{m+1} |A_1 \cap A_2 \cap \cdots \cap A_m|$$

3. 设集合S中满足性质P, Q的集合分别为A, B，满足性质P或Q的物体个数为：

$$|A \cup B| = |A| + |B| - |A \cap B|$$

这是推论 2 中$m=2$的情形，运用 Venn 图直观如图 3-3 所示。

再运用德·摩根定律可以解释$m=2$时的容斥原理：
$|\overline{A} \cap \overline{B}| = |\overline{\overline{\overline{A} \cap \overline{B}}}| = |\overline{A \cup B}| = |S| - |A \cup B|$。

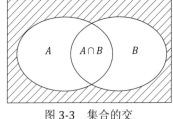

图 3-3　集合的交

【性质】

错位排列

一个$\{1,2,\cdots,n\}$的全排列P称为错位排列指对一切$i \in \{1,2,\cdots,n\}$，$P_i \neq i$。换句话说，$\{1,2,\cdots,n\}$的全排列中每个元素不在各自位置上的排列称为错位排列。4321是$\{1,2,3,4\}$的一个错位排列，而3 2 4 1不是，因为数字 2 仍在第 2 位。

假设用D_n表示$\{1,2,\cdots,n\}$的错位排列的个数，用S表示$\{1,2,\cdots,n\}$全排列，A_i表示数字i在第i位的$\{1,2,\cdots,n\}$的全排列，$|A_i| = (n-1)!$。由容斥原理知：

$$D_n = \left| \overline{A_1} \cap \overline{A_2} \cap \cdots \cap \overline{A_n} \right|$$

$$= |S| - \sum_{i=1}^{n} |A_i| + \sum_{i,j:i<j} |A_i \cap A_j| - \sum_{i,j,k:i<j<k} |A_i \cap A_j \cap A_k|$$

$$+ \cdots + (-1)^n |A_1 \cap A_2 \cap \cdots \cap A_n|$$

上式等号右边中，有 k 个参变量的式子形如：

$$(-1)^k \sum_{i_1,i_2,\cdots,i_k:i_1<i_2<\cdots<i_k} |A_{i_1} \cap A_{i_2} \cap \cdots \cap A_{i_k}|$$

求和符号里面的式子的意义是这 k 个数字 $i_1, i_2, \cdots, i_k$ 都在原位的排列个数，其值为 $(n-k)!$。有 k 个参变量的式子有 $\dbinom{n}{k}$ 个，所以上式等价于

$$\binom{n}{k}(-1)^k(n-k)! = (-1)^k \frac{n!}{k!}$$

由此可得

$$D_n = \left| \overline{A_1} \cap \overline{A_2} \cap \cdots \cap \overline{A_n} \right| = \sum_{k=0}^{n} (-1)^k \binom{n}{k}(n-k)! = \sum_{k=0}^{n} (-1)^k \frac{n!}{k!}$$

可变形为

$$D_n = n!\left(1 - \frac{1}{1!} + \frac{1}{2!} + \frac{1}{3!} + \cdots + (-1)^n \frac{1}{n!}\right)$$

另外错位排列数还有递推的求法。

考察 $n \geq 3$ 时 $\{1, 2, \cdots, n\}$ 的错位排列。把数 n 单独拿出来看，先把 n 放在第 n 位。设 P 是 $\{1, 2, \cdots, n-1\}$ 的一个排列。

（1）如果 P 是错位排列，把其中任意一个数与 n 交换仍然是一个错位排列，这样的情形可以得到 $(n-1)D_{n-1}$ 个 $\{1, 2, \cdots, n\}$ 的错位排列。

（2）如果 P 不是错位排列，并且只存在一个位置不符合要求，即只存在一个 i 满足 $P_i = i$。则将 i 与 n 交换后可得到一个错位排列。这里可以得到 $(n-1)D_{n-2}$ 个 $\{1, 2, \cdots, n\}$ 的错位排列。

（3）其他情形都不能得到错位排列。

综合以上分析得到递推关系：

$$D_n = (n-1)(D_{n-1} + D_{n-2}), \quad D_1 = 0, \ D_2 = 1$$

3.4.4　特殊计数序列

【基本概念】

1. Catalan 序列即序列

$$C_0, C_1, C_2, \cdots, C_n, \cdots$$

其中

$$C_n = \frac{1}{n+1}\binom{2n}{n}(n=0,1,2,\cdots)$$

为第 n 个 Catalan 数。

2. 第一类 Stirling 数 $s(p,k)$ 是将 p 个有区别的球排成 k 个非空的圆排列的方案数。其中任一方案可表为：将 p 个球分成非空的 k 份，再把每份中的球排成一个圆，n 个球的圆排列数为 $(n-1)!$。

3. 第二类 Stirling 数 $S(p,k)$ 是将 p 个有区别的球放到 k 个相同的盒子中，要求没有空盒的方案总数。

【性质】

1. n 个 +1 和 n 个 −1 构成的 $2n$ 项

$$a_1. a_2, \cdots, a_{2n}$$

其部分和满足非负性质，即

$$a_1 + a_2 + \cdots + a_k \geq 0, \quad (k=1,2,\cdots,2n)$$

此数列的个数等于第 n 个 Catalan 数。

2. n 对括号构成的合法的括号序列的个数等于第 n 个 Catalan 数。例如 3 对括号构成的合法的括号序列有 $C_3 = 5$ 个：$((()))$，$()(())$，$()()()$，$(())()$，$(())$。

3. $2n$ 个人要买票价为五元的电影票，每人只买一张，但是售票员没有钱找零。其中，n 个人持有五元，另外 n 个人持有十元，问在不发生找零困难的情况下，有多少种排队方法。这个问题与性质 1、性质 2 讨论的问题本质相同，其解等于第 n 个 Catalan 数。

4. 含 $n+1$ 个叶子节点的二叉树个数等于第 n 个 Catalan 数。此处所指的二叉树要求，非叶子节点都有 2 个儿子。对含 $n+1$ 个叶子节点的二叉树，考察其左右子树的叶子节点个数，由此引出 C_n 的递推表达式

$$C_n = \sum_{i=0}^{n-1} C_i C_{n-1-i}$$

5. 通过不相交于内部的对角线把凸 $n+2$ 边形拆分成若干个三角形，不同的拆分数等于第 n 个 Catalan 数。

6. $s(p,k)$ 是将 p 个有区别的球排成 k 个非空的圆排列的方案数。

（1）$s(p,0) = 0(p \geq 1)$

（2）$s(p,p) = 1(p \geq 1)$

（3）$1 \leq k \leq p-1$。假设前 $p-1$ 个球都已放好，考察第 p 个球：

a. 单独放在一个盒子里。因为盒子是无区别的，1 个球的圆排列只有 1 种，这种情形的方案数为 $s(p-1,k-1)$。

b. 放在一个已有球的盒子里,即插入一个非空的圆中。每个圆定义顺时针方向为正方向。考虑第p个球在顺时针方向遇到的第一个球是哪个球,这个球有$p-1$种选择。所以这种情形的方案数为$(p-1)s(p-1,k)$。

综合以上分析,得到第一类斯特林数的递推式

$$s(p,k) = (p-1)s(p-1,k) + s(p-1,k-1)$$

7. $S(p,k)$是将p个有区别的球放到k个相同的盒子中,要求没有空盒的方案总数。

(1) $S(p,0) = 0 \ (p \geq 1)$

(2) $S(p,p) = 1 \ (p \geq 1)$

(3) $S(p,1) = 1 \ (p \geq 1)$

(4) $1 \leq k \leq p-1$。假设前$p-1$个球都已放好,考察第p个球:

a. 单独放在一个盒子里。因为盒子是无区别的,这种情形的方案数为$S(p-1,k-1)$。

b. 放在一个已有球的盒子里。因为球是有区别的,所以与第p个球共盒子的球是有区别的,需要选一个盒子放入第p个球。因此这种情形的方案数为$kS(p-1,k)$。

综合以上分析,得到第二类斯特林数的递推式

$$S(p,k) = S(p-1,k-1) + kS(p-1,k)$$

3.4.5 Pólya 计数定理

【基本概念】

有这样一类着色问题,一些表面不同的着色在某种意义上是相同的,需要对在这种意义下本质不同的着色进行计数。例如可以用黑白两种颜色对正五角形的顶点进行着色,则一共有$2^5 = 32$种不同的着色。但是如果把在旋转和(空间中)翻转意义下相同的着色只记作一种,则一共只有 8 种着色方案,如图 3-4 所示。

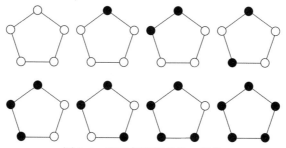

图 3-4 正五角形顶点的二着色

下面利用群论对此类问题进行抽象化的描述。

假设c是集合X上的一种着色。例如X是正方形的顶点集合,每个顶点可以染成红色(R)或蓝色(B),则(R, B, R, B)就是对正方形的一种着色,表示把正方形的顶点依次染成红色、

蓝色、红色和蓝色。如果对 X 中的元素按正整数编号，则可以用 $c(1), c(2), \cdots, c(n)$ 来表示对应元素的着色。

设 f 是一个 X 上的一个置换：

$$f = \begin{pmatrix} 1 & 2 & \cdots & n-1 & n \\ i_1 & i_2 & \cdots & i_{n-1} & i_n \end{pmatrix}$$

定义置换对着色的作用。为将着色按置换变换后产生的着色，即 $(f \circ c)(i_k) = c(k)$。仍然以正方形为例，假设着色 c 为 (R, B, R, B)，置换 f 为 $(1, 2, 3)(4)$，则 $f \circ c$ 为 (R, R, B, B)。注意这里使用了置换的循环节表示法。

一般地，对于置换群 G 和着色集合 C 来说，按照以上方式定义群作用。只要群中的置换对着色集合 C 作用满足封闭性，即对于任意 $g \in G, c \in C$ 满足 $g \circ c \in C$，则显然有 $1_G \circ c = c$ 和 $(gh) \circ c = g \circ (h \circ c)$，其中 g 和 h 为置换群 G 中的任意两个置换，c 为 C 中的一个着色。

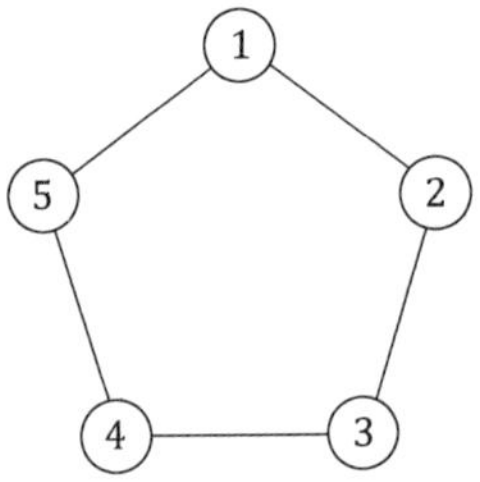

可以从群作用中诱导出一个着色的等价关系 ~。着色集合 C 中的两个着色 c_1 和 c_2 等价，即 $c_1 \sim c_2$，当且仅当置换群 G 存在置换 g，满足 $g \circ c_1 = c_2$。

以正五边形为例，其顶点编号如图 3-5 所示。

若要使得在旋转和翻转意义下本质相同的着色在置换群 G 的作用下保持等价关系，则 G 中元素应为表 3-1 中的置换。

图 3-5　正五边形顶点编号

表 3-1　置换的循环节表示

置　　换	循环节表示	置　　换	循环节表示
$\begin{pmatrix} 1 & 2 & 3 & 4 & 5 \\ 1 & 2 & 3 & 4 & 5 \end{pmatrix}$	(1)(2)(3)(4)(5)	$\begin{pmatrix} 1 & 2 & 3 & 4 & 5 \\ 1 & 5 & 4 & 3 & 2 \end{pmatrix}$	(1)(25)(34)
$\begin{pmatrix} 1 & 2 & 3 & 4 & 5 \\ 2 & 3 & 4 & 5 & 1 \end{pmatrix}$	(12345)	$\begin{pmatrix} 1 & 2 & 3 & 4 & 5 \\ 5 & 4 & 3 & 2 & 1 \end{pmatrix}$	(15)(24)(3)
$\begin{pmatrix} 1 & 2 & 3 & 4 & 5 \\ 3 & 4 & 5 & 1 & 2 \end{pmatrix}$	(13524)	$\begin{pmatrix} 1 & 2 & 3 & 4 & 5 \\ 4 & 3 & 2 & 1 & 5 \end{pmatrix}$	(14)(23)(5)
$\begin{pmatrix} 1 & 2 & 3 & 4 & 5 \\ 4 & 5 & 1 & 2 & 3 \end{pmatrix}$	(14253)	$\begin{pmatrix} 1 & 2 & 3 & 4 & 5 \\ 3 & 2 & 1 & 5 & 4 \end{pmatrix}$	(13)(2)(45)
$\begin{pmatrix} 1 & 2 & 3 & 4 & 5 \\ 5 & 1 & 2 & 3 & 4 \end{pmatrix}$	(15432)	$\begin{pmatrix} 1 & 2 & 3 & 4 & 5 \\ 2 & 1 & 5 & 4 & 3 \end{pmatrix}$	(12)(35)(4)

【性质】

1. Burnside 引理

设 G 是集合 X 上的一个置换群，C 为 X 上的一个着色集合，G 对 C 的作用满足封闭性。则 C 中不等价的着色数为：

$$B = \frac{1}{|G|} \sum_{g \in G} |S(g)|$$

其中$S(g)$为C中对置换g保持不变的着色集合。

以求正五边形在旋转和翻转意义下不等价的黑白着色的个数为例。对于G中每个置换g，须求得在g下保持不变的着色集合数$|S(g)|$。

当$g = (1)(25)(34)$时，在$S(g)$中所有着色方案如图 3-6 所示。即$|S(g)| = 8$。

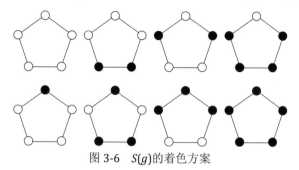

图 3-6 $S(g)$的着色方案

以此类推，可以求出G中所有置换g对应的$|S(g)|$，如表 3-2 所示。

则有：

$$B = \frac{1}{|G|}\sum_{g \in G}|S(g)| = \frac{1}{10}(32+2+2+2+2+8+8+8+8+8) = 8$$

表 3-2   置换的循环节表示和其 S 值

置　　换	循环节表示	$|S(g)|$	置　　换	循环节表示	$|S(g)|$
$\begin{pmatrix}1&2&3&4&5\\1&2&3&4&5\end{pmatrix}$	(1)(2)(3)(4)(5)	32	$\begin{pmatrix}1&2&3&4&5\\1&5&4&3&2\end{pmatrix}$	(1)(25)(34)	8
$\begin{pmatrix}1&2&3&4&5\\2&3&4&5&1\end{pmatrix}$	(12345)	2	$\begin{pmatrix}1&2&3&4&5\\5&4&3&2&1\end{pmatrix}$	(15)(24)(3)	8
$\begin{pmatrix}1&2&3&4&5\\3&4&5&1&2\end{pmatrix}$	(13524)	2	$\begin{pmatrix}1&2&3&4&5\\4&3&2&1&5\end{pmatrix}$	(14)(23)(5)	8
$\begin{pmatrix}1&2&3&4&5\\4&5&1&2&3\end{pmatrix}$	(14253)	2	$\begin{pmatrix}1&2&3&4&5\\3&2&1&5&4\end{pmatrix}$	(13)(2)(45)	8
$\begin{pmatrix}1&2&3&4&5\\5&1&2&3&4\end{pmatrix}$	(15432)	2	$\begin{pmatrix}1&2&3&4&5\\2&1&5&4&3\end{pmatrix}$	(12)(35)(4)	8

2. Pólya 计数定理

设 G 是集合 X 上的一个置换群，X 中每个元素可以被染成k种颜色，则不等价的着色数为：

$$P = \frac{1}{|G|}\sum_{g \in G}k^{nc(g)}$$

其中$nc(g)$为置换g中循环节的个数。

以求正五边形在旋转和翻转意义下不等价的着色数为例。这里每个点可以被染成黑白两

种颜色，故 $k = 2$。在之前的例子中可以看到，对于 G 中每个置换 g，其对应的 $S(g)$ 中的染色方案，只需满足 g 中每个循环节中的顶点被染成相同的颜色即可，故有 $|S(g)| = k^{nc(g)}$ 成立。

3.5　博　弈　论

3.5.1　博弈树

【基本概念】

组合游戏论主要研究信息完全的双人轮流博弈的游戏。

在组合游戏论中，博弈树是一个节点都表示一个游戏状态的有向图，图中的有向边都是游戏中的某一步。一个完整的博弈树，包含了从初始游戏状态开始以及所有可达状态的所有可能的移动。

博弈树中的叶子节点是指没有后继状态的节点。在叶子节点对应的状态中，由于双方都不能走，所以也被称为终止状态。

如图 3-7 所示，就是一个 tic-tac-toe 游戏所对应的博弈树的一部分。所谓 tic-tac-toe 游戏就是两个人轮流放置己方棋子到一个空格上，谁先放出三个棋子在一条直线上就获得胜利。图中×表示先手放置的棋子，○表示后手放置的棋子。

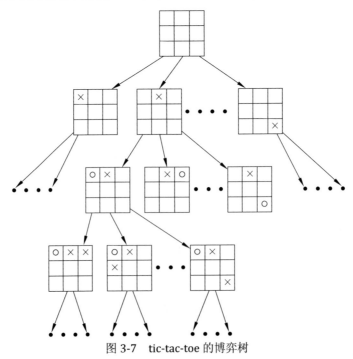

图 3-7　tic-tac-toe 的博弈树

如果给获胜、落败、打平都分配一个分数的话（获胜的得分高于打平高于落败），那么每个状态，即博弈树上的节点，都对应了一个游戏值，该游戏值为游戏双方从该局面出发以最优策略博弈后，己方所能获得的分数。

假设当前状态轮到己方走，有多个可以选择的后继状态，那么一定选择游戏值最大的后继状态。对应的游戏值也是当前状态的游戏值。这样的状态称为 Max 状态。

假设当前状态轮到对方走，有多个可以选择的后继状态，那么一定选择游戏值最小的后继状态。对应的游戏值也是当前状态的游戏值。这样的状态称为 Min 状态。

不妨假设我们得到了如图 3-8 所示的一个博弈树，树中的叶子节点标注了它们的游戏值，树的内点标记了该状态是 Max 状态或是 Min 状态。

Alpha-Beta 剪枝是指在一个 Max 状态时，它的后继状态一定是一个 Min 状态，而如果当前这个 Max 状态的最大游戏值是 X，而它的某个 Min 子状态中有一个子状态的值小于等于 X，那么这个 Min 子状态一定不能更新 Max 状态。

观察图 3-9 中的博弈树，如果先遍历了初始状态的右子树，可以知道根节点的游戏值至少为 5。而后，遍历左子树时，到加粗的节点，发现游戏值为 −1，且是根节点的 Min 子状态的子状态。由于 −1≤5，所以此时不需要再遍历该 Min 状态的其他子状态了。这就是一个 Alpha-Beta 剪枝的一个例子。

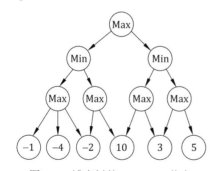

图 3-8 博弈树的 Min-Max 节点

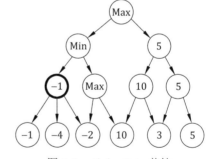

图 3-9 Alpha-Beta 剪枝

类似地，在 Min 状态时也可以进行 Alpha-Beta 剪枝。

【性质】

1. Max 状态的子状态一定是 Min 状态。
2. Min 状态的子状态一定是 Max 状态。

3.5.2 SG 函数

【基本概念】

在公平的组合游戏中（游戏规则对于两个玩家不加区分），可以把所有有可能出现的状态看作是图的节点，如果从一个状态可以通过一步转移到达另一个状态，则在两点之间连一条有向边，这样就得到了一个状态图。

以巴什博弈为例，一共有 n 个物品，两个人轮流取，一次最少取走 1 个最多取走 m 个，最后取光的人获胜。图 3-10 展示了 $n = 6$，$m = 3$ 的时候的状态图，节点内的数字表示当前状态剩下的物品的个数。

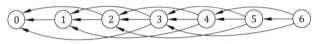

图 3-10　Bash Game 的状态图

假设游戏不会出现平局，即状态图是有向无环图的话，所有的状态可以分成两种，P 态和 N 态。P 态表示该状态对于前一个玩家来说是必胜的，而 N 态表示该状态对于下一个玩家来说是必胜的。例如对于 $n = 6$，$m = 3$ 的巴什博弈来说，0 个物品显然是 P 态，而还剩 1、2 或 3 个物品的状态都是 N 态。

一个状态被称为终止状态，如果当前状态下游戏不能再继续进行。譬如巴什博弈中物品已经被取光了。在大部分的游戏规则中，终止状态都是 P 态。所以如果不加特殊说明，以下都假设终止状态为 P 态。

从定义可以知道，任意一个 P 态，它要么是一个终止状态，要么它所有可以转移到的状态（后继状态）都是 N 态，而对于任意一个 N 态，它至少有一个后继状态是 P 态。

【SG 函数】

SG 函数是这样定义的：对于任意状态 x，它的 SG 函数值 $g(x)=mex\{g(y)|y$ 是 x 的后续状态$\}$，其中 mex 是一个对于非负整数集合 S 的运算，$mex(S)$ 为 S 中没有出现的最小非负整数。对于一个终止状态，因为它没有后继状态，所以它的 SG 函数值为 0。

还是以 $n = 6$，$m = 3$ 的巴什博弈为例，用 S_i 表示还剩 i 个物品的状态。S_0 是终止状态，所以 $g(S_0) = 0$。S_1 唯一的后继状态是 S_0，所以 $g(S_1) = 1$。S_2 可以转移到 S_1 和 S_0，所以 $g(S_2) = 2$。因为 S_3 可以转移到 S_2、S_1 和 S_0，所以 $g(S_3) = 3$。对于 S_4 来说，它可以转移到 S_3、S_2 和 S_1，三者的 SG 值分别为 3、2、1，因此 $g(S_4) = 0$。依次类推可以知道 $g(S_5) = 1$，$g(S_6) = 2$。

如果知道一个状态的 SG 函数值，则可以快速的判断该状态是 P 态还是 N 态。对于一个状态，如果这个状态的 SG 值等于 0，那么这个状态是 P 态，否则就是 N 态。

仍然以 $n = 6$，$m = 3$ 的巴什博弈为例，$G(S_4) = 0$，所以 S_4 是一个 P 态，即先手必败。而 S_5 和 S_6 的 SG 值都不为 0，它们都是 N 态，即先手必胜。事实上，对于 S_5 和 S_6 来说，先手想要必胜，第一步需要把物品取到只剩下 4 个。

3.5.3　Nim 游戏与 Nim 和

【Nim 游戏】

Nim 游戏是一个公平的组合游戏。游戏开始时有 n 堆石子，两个玩家轮流挑选一堆石子，并从中取走若干个，最后不能再取的就是输家。

假如只有一堆石子，那么显然是先手获胜，因为他只需要把这堆石子取光即可。如果有两堆或是更多堆，游戏的最佳策略似乎并不那么显而易见。

不难发现，可以用一个 n 维向量 $a = (a_1, a_2, \cdots, a_n)$ 表示任意一个游戏局面，其中 a_i 表示的是第 i 堆石子当前还剩多少个。如果直接计算状态的 SG 函数的话，由于后继状态数量太多，算法效率比较低。

事实上，Nim 游戏存在一种很优美的算法：对于当前状态 $a = (a_1, a_2, \cdots, a_n)$，如果 $a_1 \oplus a_2 \oplus \cdots \oplus a_n = 0$，则为 P 态，否则为 N 态，其中 $\oplus$ 运算符表示的是按位异或操作（Nim 和）。例如，假设有 3 堆石子，分别各有 1 粒、5 粒和 4 粒。由于 $1 \oplus 5 \oplus 4 = (001)_2 \oplus (101)_2 \oplus (100)_2 = 0$，所以这是一个 P 态，即先手必败。

要证明算法的正确性只需要证明：

1. 如果 $a_1 \oplus a_2 \oplus \cdots \oplus a_n = 0$，则要么这是一个终止状态，要么该状态的所有后继状态等式都不成立。

2. 如果 $a_1 \oplus a_2 \oplus \cdots \oplus a_n \neq 0$，则该状态一定可以转移到某个能让等号成立的后继状态。具体证明细节这里略过。

【Nim 和】

从 Nim 游戏的解法出发，可以推广出一系列"多堆"游戏的解法。我们称一个游戏 G 是一组游戏 G_1，G_2，$\cdots$，G_n 的和，如果 G 的每一步可以抽象成：先挑选一个子游戏 G_i，然后在 G_i 中走一步。例如在 Nim 游戏中，玩家需要首先挑选一个石子堆，然后再决定从该堆中取出多少石子。

如果函数 g_i 是 G_i 的 SG 函数，则游戏 G 的 SG 函数 $g = g_1 \oplus g_2 \oplus \cdots \oplus g_n$，即对 G 的任意状态 $a = (a_1, a_2, \cdots, a_n)$，$g(a) = g_1(a_1) \oplus g_2(a_2) \oplus \cdots \oplus g_n(a_n)$。

有了上面这个定理，就可以大大减少一些"多堆"游戏的 SG 函数的计算量。譬如 Nim 游戏，如果重新从这个角度来分析，可以得到与上面的解法一模一样的算法。

【扩展】

1. 除了 Nim 和，还有一些游戏可以通过一种叫 Nim 积的运算来求解 SG 函数。

2. 假如把 Nim 游戏的取胜规则改为谁取走最后一个石子谁输的话（即终止状态为 N 态），游戏仍然有一个简单而优美的解法：如果至少有两堆石子的石子数超过一个的话，按照标准的 Nim 游戏策略来博弈；当对方取完石子导致只剩下一堆石子的石子数超过一个，这时候只需要将这堆石子取到还剩一个或是取光即可。

3.6　数　　论

3.6.1　整除

【基本概念】

若a和b为整数，且$a \neq 0$，若存在整数q使得$b = aq$，那么就说a可以整除b或是b被a整除，记作$a|b$。a也被称为b的约数，b也被称为a的倍数。若b不能被a整除，则记作$a \nmid b$。

整数$p \neq 0, \pm 1$，且除了± 1，$\pm p$外没有其他的约数存在，那么p被称之为质数或素数。没有特殊说明的话，质数（素数）指的是正整数中的质数。

整数$q \neq 0, \pm 1$，且不是质数，那么q被称之为合数。没有特殊说明的话，合数指的是正整数中的合数。

设a, b是两个整数，若存在整数d，$d|a$且$d|b$，则d被称为a和b的公约数。若a，b两数不全为 0，则把a和b的所有公约数中最大的那个称之为最大公约数，记作(a, b)或$gcd(a, b)$。同理可以定义公倍数和最小公倍数的概念。a和b的最小公倍数记作$[a, b]$或$lcm(a, b)$。

如果两个数的最大公约数为 1，则我们称两数互质或互素。

设a, b为整数，且$a \neq 0$。那么一定存在唯一的一对整数q和r，满足$b = qa + r$其中$0 \leqslant r < |a|$。r被称作是b除以a的余数，这样的除法运算又被称之为带余除法。

【性质】

1. 若$a|b$且$b|c$，则有$a|c$。

2. 素数有无穷多个。如果用$\pi(x)$表示不超过x的素数的个数，可以用x/lnx对$\pi(x)$进行估计。

3. 若n为合数，则必有素数$p|n$，且$p \leqslant \sqrt{n}$。

4. $(a, b) = (b, a)$且$(a, b, c) = ((a, b), c) = (a, (b, c))$。

5. $[a, b] = [b, a]$且$[a, b, c] = [[a, b], c] = [a, [b, c]]$。

6. $(a, b) \times [a, b] = ab$。

7. 可以证明，对于任意的整数a和b，总归存在相应的整数x和y，满足$(a, b) = ax + by$，即a和b的最大公约数可以写成a和b的线性表示。

8. $(a, b) = (r, a)$其中$a \neq 0$，r为b除以a的余数。

9. 设$n > 1$，那么n必存在唯一的质因数分解，即$n = p_1^{\alpha_1} p_2^{\alpha_2} \cdots p_s^{\alpha_s}$。其中$p_i$为质数$(1 \leqslant i \leqslant s)$，$\alpha_i$为正整数，且$p_i < p_{i+1}(1 \leqslant i < s)$。

正整数n的正约数的个数（记作$\sigma(n)$）也可以通过 n 的质因数分解式计算出来。可以

证明 $\sigma(n) = (\alpha_1 + 1)(\alpha_2 + 1) \cdots (\alpha_s + 1)$。

【常用算法】

1. 素数的筛法可以在很快的时间内列举出不超过 n 的所有素数。这里介绍一种最常见的筛法。算法的基本思想是让每个已经找出来的质数把它们的倍数排除掉，最小的没有被排除的数就是下一个质数。伪代码如算法 3-1 所示。

算法：筛法求素数
输出： 一个集合 S，表示 $1 - n$ 以内的素数集合
具体流程：
（1）将 S 初始化为 $\{2, \cdots, n\}$
（2）对于 2 到 $\sqrt{n}$ 中的每一个 i
　（2.1）如果当前 $i \in S$，对于 $j \leftarrow i^2$ 且 $j \leqslant n$
　　（2.1.1）将 j 移出 S
　　（2.1.2）$j \leftarrow j + i$

算法 3-1　筛法求素数

算法的时间复杂度为 $O(n \log \log n)$。

2. 素数判定是用来检验一个数是否是素数一类算法。朴素的素数判定方法是通过枚举从 2 到 $\sqrt{n}$ 内所有的整数，看是否它能够整除 n，时间复杂度为 $O(\sqrt{n})$。此外还有一个更加有效率的 Miller-Rabin 素数判定算法。

3. Euclid 算法或辗转相除法是用来计算两个整数 a 和 b 最大公约数的算法。它充分利用了性质 8 对问题的规模不停地进行缩小，直到答案变的显而易见。伪代码如算法 3-2 所示。

算法： 求两个数的最大公约数
输入： 两个整数 a 和 b
输出： 他们的最大公约数 $gcd(a, b)$
具体流程：
（1）如果 $a = 0$，则返回 b
（2）否则，返回 $gcd(b \% a, a)$

算法 3-2　求两个数的最大公约数

4. 质因数分解。

朴素的质因数分解算法会从小到大依次尝试。因为对于任意正整数 n 来说，超过 $\sqrt{n}$ 的质因数最多只有一个，且它的幂指数也一定为 1，所以只需要尝试 $\sqrt{n}$ 个数就够了。因此朴素的质因数分解算法可以在 $O(\sqrt{n})$ 的时间内算出 n 的所有质因数及其对应的幂指数。

Pollard's rho 算法的优势在于可以在期望 $O(\sqrt{q})$ 的时间复杂度内找到 n 的一个较小的约数 q，换句话说可以期望在 $O(n^{0.25})$ 的时间复杂度内计算出 n 的一个约数。

算法的名字 rho 来自于希腊字母 ρ，它的数学含义在于对于任意函数 f 和一个初始值 x_1，

定义数列 $x_i = f(x_{i-1}) \bmod n$。由于 n 的大小有限，必然会导致序列产生重复的数值，此时序列的数值就一直在一个圈上循环。

Pollard's rho 算法用到了两个简单的原理。一是如果 q 是 n 的一个大于 1 的约数且 $q|(y-x)$，那么，$1 < gcd(y-x, n) \leqslant n$；二是被称为生日悖论的概率问题，如果随机选取 (x, y) 这样二元数对 $O(\sqrt{n})$ 次，就有 50% 的概率这其中至少有一对 (x, y) 是模 n 同余的。伪代码如算法 3-3 所示。

算法： Pollard's ρ 算法
输入： 整数 n
输出： n 的一个约数 d
具体流程：
（1）初始化 $x \leftarrow 0 \sim n-1$ 中的一个随机数
（2）$y \leftarrow x, k \leftarrow 2, i \leftarrow 1$
（3）重复下面的过程，直到返回：
　（3.1）$i \leftarrow i+1$
　（3.2）$x \leftarrow (x^2 - 1) \bmod n$
　（3.3）$d \leftarrow gcd(y-x, n)$
　（3.4）如果 $d \neq 1$ 且 $d \neq n$，返回结果约数 d
　（3.5）如果 $i = k$
　　（3.5.1）$y \leftarrow x$
　　（3.5.2）$k \leftarrow 2 * k$

算法 3-3　**Pollard's ρ 算法**

算法中的 $x^2 - 1$ 可以被其他的伪随机数生成算法替代。

【用途】

1. 列举出 1 到 n 之间所有的素数。

2. 判定一个数是否为素数。

3. 求解两个数乃至多个数的最大公约数和最小公倍数。

4. 对一个数进行质因数分解。

【扩展】

1. 除了上文介绍的以外，素数筛法还有其他的版本，其中一些算法的时间复杂度能够达到线性，被称之为线性筛法。算法能够达到线性复杂度的原因是任何一个合数只会被标记一次。算法 3-4 给出其中一种线性筛法的流程。

2. 扩展 Euclid 算法是在计算两个数的最大公约数的同时，求出性质 7 中所描述的线性表示的系数。它的结构与 Euclid 算法完全相同，但是利用了如下的数学原理：如果 $a = 0$，则 $(a, b) = b = 0a + 1b$；否则假设 $b = aq + r$（带余除法），$(a, b) = (r, a) = x'r + y'a =$

$x'(b - aq) + y'a = (-x'q + y')a + (x')b$，其中$x'$和$y'$为递归调用扩展 Euclid 算法时求出的最大公约数相对于r和a的线性表示系数，显然只需要让$x \leftarrow -x'q + y'$和$y \leftarrow x'$就可以得到最大公约数相对于a和b的系数了。

算法：线性的素数筛法
输出： 一个集合S，表示$1 - n$以内的素数集合
具体流程：
（1）将S初始化为$\{2, \cdots, n\}$
（2）维护当前确定的素数的列表L，并初始化为空
（3）对于 2 到n中的每一个i
　　（3.1）如果当前$i \in S$，将i加入L
　　（3.2）对于L中的每一个元素p
　　　　（3.2.1）若$i \times p > n$，结束循环（3.2）
　　　　（3.2.2）将$i \times p$移出S
　　　　（3.2.3）如果p整除i，结束循环（3.2）

算法 3-4　线性筛法

3.6.2　不定方程

【基本概念】

变量个数多于方程个数，并且只考虑整数解的方程被称之为不定方程。典型的二元一次不定方程形式为$ax + by = c$，其中a、b、c皆为已知整数，a、b都不为 0，x、y为未知数。

【性质】

1. 二元一次不定方程$ax + by = c$有解的充要条件是$(a,b)|c$。并且当$(a,b)|c$的时候该方程等价于$\dfrac{a}{(a,b)}x + \dfrac{b}{(a,b)}y = \dfrac{c}{(a,b)}$。

性质的必要性是显然的。充分性方面，由最大公约数的性质知道存在x_0', y_0'（并且可以通过扩展 Euclid 算法求得）使得$ax_0' + by_0' = (a,b)$。此时$x^0 = x_0' \times \dfrac{c}{(a,b)}, y_0 = y_0' \times \dfrac{c}{(a,b)}$为原不定方程的一组解。

2. 假设二元一次不定方程$ax + by = c$有解，并且x_0、y_0为方程的一组解，则它的所有解可以表示为$x = x_0 - \dfrac{b}{(a,b)}t$，$y = t_0 + \dfrac{a}{(a,b)}t$，其中$t$为任意整数。

根据性质 1 和性质 2，可以看出来，通过扩展 Euclid 算法能够解决二元一次不定方程问题。

3. 如果要求二元一次不定方程 $ax + by = c$ 的解为非负整数，也有一些有趣的性质。不失一般性，假设 $(a, b) = 1$。若 $c > ab - a - b$ 时，则方程一定有非负解，解的个数等于 $\left[\dfrac{c}{ab}\right]$ 或 $\left[\dfrac{c}{ab}\right] + 1$；当 $c = ab - a - b$ 时，方程一定没有非负解。其中式子中的 $\left[\dfrac{c}{ab}\right]$ 表示的是不超过实数 $\dfrac{c}{ab}$ 的最大整数。

3.6.3 同余方程与欧拉定理

【基本概念】

假设 $m \neq 0$。若 $m | a - b$ 则称 a 同余于 b 模 m，记作 $a \equiv b \pmod{m}$。

若 $m \geq 1$，$(a, m) = 1$，则存在 c 使得 $ca \equiv 1 \pmod{m}$。c 被称为 a 对模 m 的逆，记作 a^{-1}。

设整系数多项式 $f(x) = a_n x^n + \cdots + a_1 x + a_0$。方程 $f(x) \equiv 0 \pmod{m}$ 被称之为模 m 的同余方程。假设 $x = x_0$ 是方程的一个解，则由同余的性质知 $x_0 + km$ 皆为方程的解。所以当说模 m 的同余方程的两个不同的解的时候，往往指的是在模意义下的不同，即两者模 m 不同余。

设 n 是正整数，$\varphi(n)$ 是 $1, 2, \cdots, n$ 中和 n 互质的数的个数，可以证明 $\varphi(n) = n \prod_{p|n} \left(1 - \dfrac{1}{p}\right)$。

$\varphi(n)$ 又被称为欧拉函数。

【性质】

1. 可以用扩展 Euclid 算法求解 a 对模 m 的逆。因为 $(a, m) = 1$，所以可以通过扩展 Euclid 算法求得 x, y 使得 $ax + my = 1$。易证 $ax \equiv 1 \pmod{m}$。

2. 若 $a \equiv a' \pmod{m}$，$b \equiv b' \pmod{m}$，则有 $a + b \equiv a' + b' \pmod{m}$，$ab \equiv a'b' \pmod{m}$。若 d 为非负整数，$a^d \equiv a'^d \pmod{m}$。若 a 对模 m 的逆存在，则 a' 对模 m 的逆也存在，并且 $a^{-1} \equiv a'^{-1} \pmod{m}$。

3. 欧拉定理（Euler 定理）。设 $(a, m) = 1$，则 $a^{\varphi(m)} \equiv 1 \pmod{m}$。

4. 费马小定理（Fermat 小定理）。对任意 a 和任意质数 p 有，$a^p \equiv a \pmod{p}$。当 $p \nmid a$ 时，进一步有 $a^{p-1} \equiv 1 \pmod{p}$。

5. 模 m 的一次同余方程 $ax \equiv b \pmod{m}$ 可以通过扩展 Euclid 算法进行求解。方程有解的充要条件为 $(a, m) | b$。在有解的时候，它的模 m 意义下不同的解的个数为 (a, m)。假设 x_0 是方程的一个解，那么所有模 m 意义下不同的解可以表示成 $x \equiv x_0 + \dfrac{m}{(a, m)} t \pmod{m}$ 其中 $t = 0, 1, 2, \cdots, (a, m) - 1$。特解 x_0 的求法是先通过扩展 Euclid 算法求得 x_0' 使得 $ax_0' \equiv$

$(a,m)\,(mod\,m)$，然后只需要让 $x_0=x_0'\times\dfrac{b}{(a,m)}$。

6. 孙子定理或中国剩余定理。设 $m_1,\cdots,m_k$ 是两两互质的正整数。那么对于任意整数 $a_1,\cdots,a_k$ 来说，一次同余方程组 $x\equiv a_i(mod\,m_i),1\leqslant i\leqslant k$ 必有解。

定义 $m=\prod\limits_1^k m_i,M_i=\dfrac{m}{m_i}$，且由于 m_i 和 M_i 互质，所以存在 M_i 对于模 m_i 的逆 M_i^{-1}。方程组

在模 m 意义下的唯一解可以表示为 $x=\sum\limits_1^k M_iM_i^{-1}a_i(mod\,m)$。

7. 对于更加一般的一次同余方程组，可以转化为孙子定理的标准形式求解。

【常用算法】

Miller-Rabin 素数判定算法。

由费马小定理可以知道，若存在整数 a 满足 $n\nmid a$，使得 $a^{n-1}\not\equiv1(mod\,n)$，则 n 一定不是素数。如果同余式子成立，但是 n 不是素数的话，则 m 被称之为以 a 为基的伪素数。

若二次同余方程 $x^2\equiv1\,(mod\,n)$ 有除 $x=\pm1$ 以外的解，则 n 一定不是素数。

Miller-Rabin 正是基于上述两个素数判定的必要条件的一个随机算法，流程如算法 3-5 所示。

算法：Miller-Rabin 素数测试
输入：$n>2$，并且 n 为奇数；k 为正整数，用来控制测试准确度
输出：n 是否为素数
具体流程：
（1）把 $n-1$ 分解成 $2^s\times d$，其中 d 为奇数
（2）循环 k 次
　（2.1）$a\leftarrow 1$ 到 $n-1$ 中的一个随机数
　（2.2）$x\leftarrow a^d\,mod\,n$
　（2.3）循环 s 次
　　（2.3.1）$x'\leftarrow x^2\,mod\,n$
　　（2.3.2）如果 $x'=1$ 且 $x\neq1$ 且 $x\neq-1$，返回结果合数
　　（2.3.3）$x\leftarrow x'$
　（2.4）如果 $x\neq1$，返回结果合数
（3）返回结果素数

算法 3-5　Miller-Rabin 测试

可以证明当 n 是一个大于 2 的奇数时，Miller-Rabin 的错误概率至多是 2^{-k}。

事实上，我们可以不通过随机函数生成测试基底 a，而是根据所需要判定的整数 n 的范围，直接指定 a 和 k 的值，这样既可以通过减小 k 的值来提高算法的实际运行效率，也可以让 Miller-Rabin 保证判断正确。

经过测试当 $n < 10^6$ 的时候，令 $k = 2$，a 尝试 2 和 3 就足够了。

当 n 为 32 位无符号整数时，令 $k = 3$，a 尝试 2,7 和 61 就足够了。

【用途】

1. 求解同余方程。

2. RSA 公钥系统。

3.6.4　原根、离散对数和二项同余方程

【基本概念】

设 m 为正整数，$(a, m) = 1$，若 d 是最小的使得 $a^d \equiv 1 (mod\ m)$ 成立的正整数，则 d 被称为 a 对模 m 的指数，记作 $\delta_m(a)$。

若 $\delta_m(a) = \varphi(m)$，则称 a 是模 m 的原根。其中 φ 为欧拉函数。

设模 m 有原根 g。对任意满足 $(a, m) = 1$ 的 a，必存在唯一 γ，使得 $g^\gamma \equiv a (mod\ m)$ 且 $0 \leqslant \gamma < \varphi(m)$。我们称 γ 为 a 对模 m 的以 g 为底的指标，记作 $\gamma_{m,g}(a)$，在不产生混淆的情况下，可简写作 $\gamma_m(a)$ 或 $\gamma(a)$。

设 $n \geqslant 2$。同余方程 $x^n \equiv a (mod\ m)$ 被称为是模 m 的二项同余方程。

【性质】

1. 若 $(a, m) = 1$ 且 $a^d \equiv 1 (mod\ m)$，则必有 $\delta_m(a) | d$。

2. 由 Euler 定理和性质 1 知，$\delta_m(a) | \varphi(m)$。

3. $a^0, a^1, \cdots, a^{\delta_m(a)-1}$ 这 $\delta_m(a)$ 个数模 m 互不同余。

4. 模 m 有原根的充要条件是 $m = 1, 2, 4, p^\alpha, 2p^\alpha$，其中 p 是奇素数，α 是正整数。

5. $\gamma_m(ab) \equiv \gamma_m(a) + \gamma_m(b) \ (mod\ \varphi(m))$。

6. $\gamma_m(a^k) \equiv k \times \gamma_m(a) \ (mod\ \varphi(m))$。

【常用算法】

1. 模 m 的原根的计算。两种方法，一种是通过随机一个数 g 然后验证其是否为原根；另外一种是计算最小正原根。一般来说，最小正原根的大小往往比较小，所以采用从小到大尝试的方法。

2. 离散对数问题。离散对数在代数学中有更加宽泛的定义，这里只讨论其在数论中的意义，即已知模 m 和它的原根 g，若 $(a, m) = 1$，求 $\gamma_{m,g}(a)$。

这里给出一种用空间换时间的算法。简写 $\gamma_{m,g}(a)$ 为 γ。那么 $g^\gamma \equiv a (mod\ m)$。令 $q = [\sqrt{\varphi(m)}]$，把 γ 写作 $iq + j$ 的形式，使得 $0 \leqslant j < q$。因为 $\gamma < \varphi(m)$，所以 $i = O(\sqrt{\varphi(m)})$。由 $g^{iq+j} \equiv a (mod\ m)$ 推出 $a(g^{-q})^i \equiv g^j (mod\ m)$。注意由于 g 是 m 的原根，所以 g 对于模 m 的逆必存在。

预先把 g^j 的 q 种可能的数值都计算出来，放入哈希表中。然后从 0 开始尝试 i 的数值，再去哈希表中查找 $a(g^{-q})^i$。若能找到，则根据对应的 i 和 j 算出 γ。

3. 求解特殊二项同余方程。假设模是质数 p，且 $p \nmid a, n \geq 2$，求解模 p 的二项同余方程 $x^n \equiv a(mod\ p)$。

首先计算出 p 的原根 g。然后方程两边一起做指标运算变成 $n\gamma(x) \equiv \gamma(a)(mod\ p-1)$。$\gamma(a)$ 可以通过解离散对数的算法计算出来。如此一来，方程就变成了一个简单的一次同余方程。根据解一次同余方程的算法解出 $\gamma(x)$ 的所有解，再利用 $x \equiv g^{\gamma(x)}(mod\ p)$ 算出 x 的所有解。

【用途】

1. 求解离散对数问题。
2. 求解模为质数的二项同余方程。

3.6.5　连分数

【基本概念】

分数式

$$a_0 + \cfrac{1}{a_1 + \cfrac{1}{a_2 + \cfrac{1}{a_3 + \cfrac{\cdot}{\cdot\cdot + \cfrac{1}{a_n}}}}}$$

被称为有限连分数，其中 a_0 是整数，其他所有的 a_i 都是正整数。简写记作 $[a_0;\ a_1, a_2, \cdots, a_n]$。在 $0 \leq k \leq n$ 时，$[a_0;\ a_1, a_2, \cdots, a_k]$ 被称为对应有限连分数的第 k 个渐进分数。

分数式

$$a_0 + \cfrac{1}{a_1 + \cfrac{1}{a_2 + \cfrac{1}{a_3 + \cdot\cdot}}}$$

被称为无限连分数，其中 a_0 是整数，其他所有的 a_i 都是正整数。简写记作 $[a_0;\ a_1, a_2, \cdots]$。对于任意非负整数 k，$[a_0;\ a_1, a_2, \cdots, a_k]$ 被称作对应无限连分数的第 k 个渐进分数。

对于无限连分数 $[a_0;\ a_1, a_2, \cdots]$，若存在极限

$$\lim_{k \to \infty}[a_0;\ a_1, a_2, \cdots, a_k] = \theta$$

就说该无限连分数是收敛的，θ 被称为它的值。

一个有理分数 p/q 被称之为实数 x 的最佳有理逼近，当且仅当在所有分母不超过 q 的有

理分数中，$\left|\dfrac{p}{q}-x\right|$ 最小。

【性质】

1. 有限连分数的值是一个有理分数。

2. 任意有理分数有且仅有两种有限连分数表示式。若第一种为 $[a_0;\ a_1,a_2,\cdots,a_n]$，其中 $a_n>1$；则第二种可以表示成 $[a_0;\ a_1,a_2,\cdots,a_n-1,1]$。因为第一种的表示形式较短，所以以后默认有限连分数都是采用第一种表示形式，即 $a_n>1$。

3. 任意有理分数 p/q 其中 $(p,q)=1$，它的有限连分数表示式可以通过辗转相除法得到。为了简单起见，这里只讨论正的有理分数，即 $p,q>0$。具体方法是在辗转相除的时候，记住每一步带余除法所算出来的商。

对于 $355/113$ 来说，第一步，计算 $(355,113)$，$355=3\times113+16$，商为 3；第二步，计算 $(113,16)$，$113=7\times16+1$，商为 7；第三步，计算 $(16,1)$，$16=16\times1+0$，商为 16，算法中止。

所以 $355/113=[3;\ 7,16]$。

4. 比较有限连分数的大小。设 $a=[a_0;\ a_1,a_2,\cdots,a_n]$ 和 $b=[b_0;b_1,b_2,\cdots,b_s]$ 为两个有限连分数。$a=b$ 当且仅当 $n=s$ 且 $a_i=b_i$，其中 $0\leqslant i\leqslant n$。若 $a\neq b$，分两种情况讨论。若存在 k 使得 k 是满足 $a_k\neq b_k$ 的最小的非负整数，则 $a<b$ 当且仅当 $(-1)^k(a_k-b_k)<0$。若不存在这样的 k，则必有其中一个连分数的序列是另一个的前缀，不妨假设 a 是 b 的前缀，即 $n<s$ 且 $a_i=b_i$，其中 $0\leqslant i\leqslant n$，则 $a<b$ 当且仅当 n 是偶数。

5. 用 $a^{(k)}$ 表示连分数 a 的第 k 个渐进分数。则有

$$a^{(1)}>a^{(3)}>a^{(5)}>\cdots>a^{(2s-1)}>\cdots$$
$$a^{(0)}<a^{(2)}<a^{(4)}<\cdots<a^{(2t)}<\cdots$$
$$a^{(2s-1)}>a^{(2t)},\qquad s\geqslant1,t\geqslant0$$

6. 无限连分数一定收敛，且值为无理数。

任何无理数都存在唯一的一个无限连分数表示。

例如 $\sqrt{2}$，$\sqrt{2}=1+\dfrac{1}{\sqrt{2}+1}$，$\sqrt{2}=1+\dfrac{1}{2+\dfrac{1}{\sqrt{2}+1}}\cdots$，显然 $\sqrt{2}=[1;2,2,\cdots]$。

7. 比较无限连分数的大小。设 $a=[a_0;\ a_1,a_2,\cdots]$ 和 $b=[b_0;b_1,b_2,\cdots]$ 为两个无限连分数。那么 $a=b$ 当且仅当 $a_i=b_i$，其中 $i\geqslant0$。若 $a\neq b$，则存在最小的非负整数 k，满足 $a_k\neq b_k$，那么 $a<b$ 当且仅当 $(-1)^k(a_k-b_k)<0$。

8. 实数 x 的连分数表示的所有渐进分数都是 x 的最佳有理逼近。

例如 $355/113=[3;\ 7,16]$，所以它的第 1 个渐进分数 $[3;\ 7]=22/7$ 是它的一个最佳有

理逼近。

9. 实数 x 的所有最佳有理逼近，都可以表示成 $[a_0; a_1, a_2, \cdots, a_{n-1}, a_n']$。其中 $\dfrac{a_n}{2} \leqslant a_n' \leqslant a_n$ 并且 $[a_0; a_1, a_2, \cdots, a_{n-1}, a_n]$ 是 x 的第 n 个渐进分数。所以任意实数的所有最佳有理逼近与它的所有渐进分数一一对应。

【用途】

1. 对实数进行有理逼近。
2. 解 Pell 方程。

第4章　数据结构

4.1　线　性　表

4.1.1　链表

【基本概念】

在算法设计中，比较基础且常用的一类线性表为：链表（Linked List）。链表通过指针将内存中不同位置的元素链接起来。

链表中每一个元素存有两个值，一个值是指向下一个元素的指针，另一个值是数据。链表的第一个元素被称为队头，而最后一个元素称为队尾。存储链表时只需要记住队头元素的地址（头指针）即可。图 4-1 是一个含有5个元素的链表。

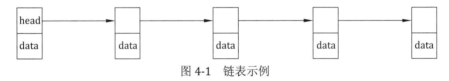

图 4-1　链表示例

在链表中查找，访问一个元素的复杂度是 $O(n)$ 的。这里的 n 指当前的元素个数。

比如访问三号元素。需要从头指针开始，沿着指向下一个元素的指针走两步，才能访问到三号元素。

而如果已经定位好了需要插入或删除的位置后，插入（删除）是 $O(1)$ 的。

假如要删除三号元素，只需要将三号元素的前一个，二号元素的指向下一个的指针指向三号元素的下一个即可。

链表支持以下几种操作：

（1）查找第 i 个元素。

（2）删除第 i 个元素。

（3）在位置 i 插入一个元素。

【扩展】

双向链表

在基本链表的基础上，记录指向队尾元素的尾指针。此外每个元素多记录一个指向前一个元素的指针，这样就实现了双向链表，如图 4-2 所示。

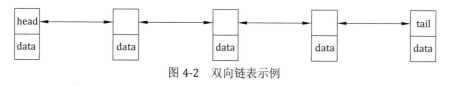

图 4-2　双向链表示例

4.1.2　栈

【基本概念】

栈（Stack）是一种线性表（Linear Data Structure），直观上理解就和一堆叠在一起的盘子一样。栈只允许在一端进行操作，这一端叫做栈顶（Top）。

栈支持两个操作，推入（Push）和弹出（Pop），即进行插入和删除。插入和删除都在栈顶进行。

图 4-3 中的左图是一个当前含有5个元素的栈。A 元素在栈的底部，而 E 元素在栈顶。如果对栈进行弹出操作，则栈变成了右图里的样子。若弹出之后再重新把 E 元素推入栈中，则可回到左图。可以看出推入和弹出操作都是对栈顶进行的。

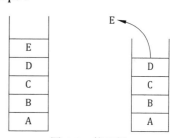

图 4-3　栈示例

【性质】

后进先出（LIFO, Last-In-First-Out）：当一个元素要被删除时，所有在它之后插入的元素肯定都已经被删除了。栈底的元素是最早插入的元素，自然也就是最后被删除的元素。

【用途】

（1）深度优先搜索。

（2）表达式求值。

4.1.3　队列

【基本概念】

队列（Queue）是一种有序的线性表（Linear Data Structure），直观上理解就和生活中人们排队一样，队列的两端分别称为队首（front）和队尾（rear）。队列只允许在队尾进行插入操作，在队首进行删除操作。具体应用中，队列常用链表或数组来实现。图 4-4 是一个由链表实现的队列。

对于实现队列的插入操作，在队尾的后面加入新的元素，将新元素置为队尾。

对于删除操作，即将队首置为队首的下一个元素，如图 4-5 所示。

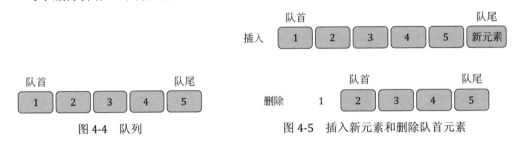

图 4-4   队列   图 4-5   插入新元素和删除队首元素

【性质】

先进先出（FIFO, First-In-First-Out）：当一个元素要被删除时，所有在它之前插入的元素肯定都已经被删除了。

【用途】

宽度优先搜索。

【扩展】

1. 循环队列（Circular Queue），把一个数组想象成首尾相接的圆环，有一个头指针和一个尾指针。指针后移超过数组长度后，会回到数组的开头。

2. 优先队列（Priority Queue），每个元素有一个优先级，在队列中不再按照插入时间早晚排序，而是按照优先级从高到低排序，优先级最高的先出队。实现可以用最大堆。

4.1.4   块状链表

【基本概念】

在算法设计中，最常用的两类线性表为：数组（Array）、链表（Linked List）。这两者的优劣势恰好互补：数组由于在内存中连续摆放，查找第 i 个元素的代价为 $O(1)$，但是在第 i 位后插入（删除）一个元素则为 $O(n)$；链表则反之，它通过指针将内存中不同位置的元素串起来，所以查找是 $O(n)$ 的，而定位后插入（删除）是 $O(1)$ 的。这里的 n 指当前的元素个数。

而块状链表，正是将这两者的优缺点相结合，取长补短，使得查找、插入（删除）均为 $O(\sqrt{n})$ 的一种数据结构。

　　块状链表，顾名思义，就是分成一块一块的链表，每一块内，都是一个数组。如图 4-6 所示，其中共有B个块，每个块中有A个元素。

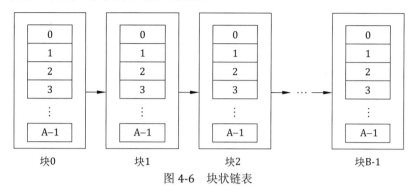

图 4-6 块状链表

块状链表支持以下几种操作：

（1）查找第i个元素。

（2）将某块分裂成大小相等的两块。

（3）在第i个元素之后插入连续的一段元素。

（4）删除第i个元素之后的连续的一段元素。

　　容易得出，这 4 种操作的复杂度分别为$O(B), O(A), O(B), O(A+B)$。其中B为块状链表的块数，A为每块内数组的大小。设n为总的元素个数，由$AB = n$知，取$A = B = \sqrt{n}$为宜。

　　由于插入和删除会改变块的大小，块状链表并不能保证块的大小时刻为$\sqrt{n}$。但是可以保证其在$\left[\dfrac{\sqrt{n}}{2}, 2\sqrt{n}\right]$区间内：当插入后，某块大小超过$2\sqrt{n}$，那么将此块分裂成两个块；当删除后某块的大小不足$\dfrac{\sqrt{n}}{2}$，那么将它和相邻的块合并。

【扩展】

　　可以通过维护一些额外的整块信息、块内额外维护一个排好序的数组等方法，完成更多更强的操作，同时保证复杂度仍不会很高。

4.2 集   合

4.2.1 散列表

【基本概念】

散列表又称哈希表（Hash table），是一种使用散列函数（Hash function）将关键字（key）

映射到对应值的数据结构。散列函数将关键字映射到对应值所在的数组下标。

对于关键字的不同类型，可以设计不同的散列函数。例如当关键字是小写英文字母 a~z 组成的字符串S时，可以设计散列函数为：

$$f = \sum_i 26^i (S_i -' a') \bmod P$$

其中S_i为S中的第i位（从0开始）字符对应的 ASCII 码，P为散列表的大小（一般令P为一个质数）。

理想情况下，我们希望散列函数可以将不同的关键字映射到不同的数值。但有时会出现两个不同的关键字经过散列函数映射到相同的数值，称为散列冲突。散列冲突在实践中往往不可避免。散列冲突的概率与散列表的装载因子（Load Factor）有关，其等于表中已储存的条目数除以表的大小，一般用α表示。大体上，α越高，则发生冲突的概率越大。

解决散列冲突的方法一般有两种：

- 开散列法（Open Hashing），又称链接法（Separate Chaining）。在开散列法中，

  散列表中的每个元素为一个链表，被映射到相同下标的关键字放在对应的链表中。如果要删除某个特定的关键字，则在对应的链表中删除对应的项即可。

  如图 4-7，一个大小为7的散列表，对于任意正整数类型的关键字x，Hash 函数为$f(x) = x \% 7$。关键字 8 和 22 均被映射到下标 1，为了解决冲突，将 8 和 22 以链表的形式存储在下标 1 对应的元素中。如果要删除关键字 17，则遍历下标为3的链表，将 17 从链表中删除。

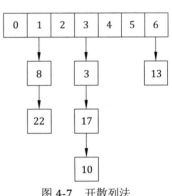

图 4-7   开散列法

- 开放寻址法（Open Addressing），又称闭散列法

  （Close Hashing）。在开放寻址法中，所有的元素都存放在散列表里。插入时，如果对应下标x上已经存在之前插入的其他关键字，则通过探查函数$g(x)$计算下一个待检查的下标，直到碰到一个空的下标为止。如果要删除某个特定的关键字，则将对应的下标标记为空。

  如图 4-8（a）所示为一个大小为7的散列表，对于任意正整数类型的关键字x，Hash 函数为$f(x) = x \% 7$，令$g(x) = x + 1$。

  假如此时要插入一个关键字 2，其对应的下标 2 上已有关键字 9，检查下一个下标 3，其已有关键字 3，继续检查下一个下标4，其为一个空下标，于是将关键字

2 放在下标 4 上。

假如此时要删除关键字 2，从下标 2 开始，依次检查下标2、3、4，在下标 4 处找到关键字2，将下标 4 标记为空。

图 4-8　开放寻址法

【扩展】

开散列法中，可以使用更高效的数据结构来提高查找效率。

4.2.2　并查集

【基本概念】

不相交集为一组彼此不相交（没有公共元素）的集合。并查集算法作用于一个不相交集，实际应用中可以在近乎常数的时间内完成下列两种操作：

● 查找（Find）：确定元素所在的集合。一般用来判断两个元素是否在同一个集合。

● 合并（Union）：将两个集合合并成一个集合。

【性质】

并查集算法不支持分割一个集合。

【算法】

我们用集合中的某个元素来代表这个集合，该元素称为集合的代表元。

对于一个集合，我们可以将集合内所有的元素组织成以代表元为根的树形结构。

对于每一个元素x，定义$parent[x]$指向x在树形结构上的父亲节点。如果x是根节点，则令$parent[x] = x$。

对于查找操作，假设需要确定x所在的集合，也就是确定集合的代表元。可以沿着$parent[x]$不断在树形结构中向上移动，直到到达根节点，根节点即为代表元。判断两个元素是否属于同一个集合，只需要看他们的代表元是否相同即可。为了加快速度，每次查找操作过程中，可以将x到根节点路径上的所有点的 $parent$ 设为根节点，这样下次再次查找时就不需要再沿着路径一步一步寻找了，该优化方法称为压缩路径。

如图 4-9（a）所示，对节点G进行查找操作，沿 $parent$ 依次经过C，A，A是根节点，故G属于以A为代表元的集合。

对上述查找操作进行路径压缩后，图形如图 4-9（b）所示。

对于合并操作，假设需要合并的两个集合的代表元分别为 x 和 y，则只需要令 $parent[x] = y$ 或者 $parent[y] = x$ 即可。为了使合并后的树不产生退化，即使树中左右子树的深度差尽可能小，对于每一个元素 x，维护 $rank[x]$ 为以 x 为根的子树的深度。合并时，如果 $rank[x] < rank[y]$，则令 $parent[x] = y$，否则令 $parent[y] = x$。

如 4-9（c）所示，对以 A, F 为代表元的集合进行合并操作，由于 $rank[A] > rank[F]$，令 $parent[F] = A$。

合并后的图形如图 4-9（d）所示。

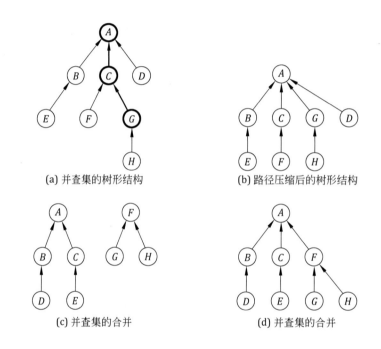

图 4-9   并查集的合并

上述合并操作的复杂度为常数。对于查找操作，可以证明，如果使用了压缩路径的优化方法，其平均复杂度为 Ackerman 函数的反函数。Ackerman 函数的反函数为一个增长速度极为缓慢的函数，在实际应用中，可以粗略认为其为一个常数。

【用途】

1. 维护无向图的连通性。支持判断两个点是否在同一连通块内，和判断增加一条边是否会产生环。

2. 用在求解最小生成树的 Kruskal 算法里面。

4.3　排　序

4.3.1　朴素排序算法

4.3.1.1　插入排序

【基本概念】

插入排序是一种简单的排序算法。插入排序从前到后扫描待排序序列，并依次插入到已排序序列中的正确位置。

【性质】

1. 插入排序是一种比较排序。
2. 插入排序属于稳定排序。
3. 插入排序可以在线进行，即在输入的同时进行排序。

【算法】

从前到后依次把待排序序列中的第一个数插入到已排序序列中的正确位置。

假设现在扫描到了 X，X 前面的为已排序序列，如图 4-10（a）所示。

执行依次插入操作之后，变为图 4-10（b）所示。

(a)　　　　　　　(b)

图 4-10　插入排序示例

此时前三段为已排序序列。重复执行这个过程直到最后一个数。

算法的最差和平均时间复杂度都是 $O(n^2)$。

算法的最优时间复杂度为 $O(n)$，发生在待排序序列已经有序的情况下。

【举例】

假设要排序的数列为(5 1 4 2 8)。

第一步：插入1，得到(1 5 4 2 8)；

第二步：插入4，得到(1 4 5 2 8)；

第三步：插入2，得到(1 2 4 5 8)；

第四步：插入8，得到(1 2 4 5 8)；

此时得到最终排序好的序列(1 2 4 5 8)。

4.3.1.2　冒泡排序

【基本概念】

冒泡排序是一种简单的排序方式。冒泡排序重复扫描待排序序列，比较每一对相邻元素，并在该对相邻元素顺序不正确时交换；重复这个过程直到没有任何两个相邻元素可以交换，此时整个序列被正确排序。

【性质】

1. 冒泡排序基于待排序元素之间的比较，属于比较排序的一种。
2. 冒泡排序是一种稳定排序。

【算法】

假设待排序序列为 $A_1 \cdots A_n$。

1. 依次比较 A_1 与 A_2，A_2 与 $A_3 \cdots A_{n-1}$ 与 A_n，并交换次序不对的相邻元素对，此时最大的数在 A_n 中。

2. 不断重复第一步的操作直到没有任何一对数字需要交换；每一轮操作中，上一轮的最后一个元素不参加操作，即第二轮只需要比较 $A_1 \cdots A_{n-1}$，第三轮只需要比较 $A_1 \cdots A_{n-2}$ 等。

算法的最差和平均时间复杂度都是 $O(n^2)$。

算法的最优时间复杂度为 $O(n)$，发生在待排序序列已经有序的情况下。

【举例】

假设待排序序列为(5 1 4 2 8)，下面是冒泡排序进行的过程，粗体表示参与比较的2数。

第一轮：

$$(\mathbf{5\ 1}\ 4\ 2\ 8) \to (\mathbf{1\ 5}\ 4\ 2\ 8)$$
$$(1\ \mathbf{5\ 4}\ 2\ 8) \to (1\ \mathbf{4\ 5}\ 2\ 8)$$
$$(1\ 4\ \mathbf{5\ 2}\ 8) \to (1\ 4\ \mathbf{2\ 5}\ 8)$$
$$(1\ 4\ 2\ \mathbf{5\ 8}) \to (1\ 4\ 2\ \mathbf{5\ 8})$$

第二轮：

$$(\mathbf{1\ 4}\ 2\ 5\ 8) \to (\mathbf{1\ 4}\ 2\ 5\ 8)$$
$$(1\ \mathbf{4\ 2}\ 5\ 8) \to (1\ \mathbf{2\ 4}\ 5\ 8)$$
$$(1\ 2\ \mathbf{4\ 5}\ 8) \to (1\ 2\ \mathbf{4\ 5}\ 8)$$

第三轮：

$$(\mathbf{1\ 2}\ 4\ 5\ 8) \to (\mathbf{1\ 2}\ 4\ 5\ 8)$$
$$(1\ \mathbf{2\ 4}\ 5\ 8) \to (1\ \mathbf{2\ 4}\ 5\ 8)$$

此时冒泡排序完成，得到排序后的结果(1 2 4 5 8)。

4.3.2　高效排序算法

4.3.2.1　归并排序算法

【基本概念】

归并排序算法是一种基于比较的排序算法。它的基本思想是分治。当递归到对数组的l位置到r位置之间的数进行排序时，首先根据中间位置$(l+r)/2$分成两半，然后递归分别对左边一半（l到$(l+r)/2$）和右边一半（$(l+r)/2+1$到r）进行归并排序，最后对两个已排序好的一半进行合并。

图 4-11 展示了归并排序的过程。注意，同层的多个部分并非同时排序，这里只是为了作图的方便和直观。

首先是分解如图 4-11（a）所示。

然后归并，先归并最下层，如图 4-11（b）所示。

然后是倒数第二层，如图 4-11（c）所示。

最后是第一层，如图 4-11（d）所示。

归并排序的时间复杂度为$O(n\log n)$。

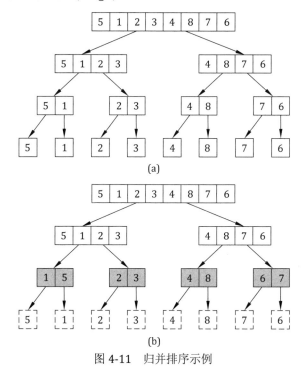

图 4-11　归并排序示例

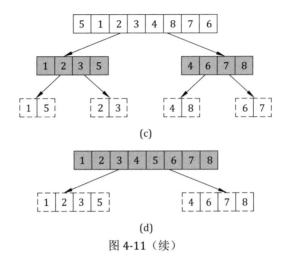

(c)

(d)

图 4-11（续）

【性质】

归并排序算法是稳定的，即相等的项彼此的相对位置不会发生改变。

【算法】

设归并排序算法 $merge\_sort(A)$ 用来对数组 A 进行排序，如算法 4-1 所示。

算法：归并排序 $merge\_sort(A)$
输入：一个数组 A
输出：排好序的 A
具体流程：
（1）如果数组 A 的大小为 1，则直接返回
（2）设数组 A 的大小为 n，令 $m = \lfloor n/2 \rfloor$，$B1$ 为 A 的前 m 项组成的子序列，$B2$ 为 A 的后 $n - m$ 项组成的子序列
（3）分别调用 $merge\_sort(B1)$ 和 $merge\_sort(B2)$ 对 $B1$, $B2$ 进行排序
（4）对 $B1$, $B2$ 进行合并，将结果记入 A 中，并返回，具体过程为
　（4.1）在 $B1$, $B2$ 中选择第一项较小的数列，如果相等则选择 $B1$
　（4.2）将选择的数列的第一项从数列中删除，并添加到 A 的末尾
　（4.3）重复（4.1），直到其中一个数列为空，此时将另一个数列中剩余的项依次加入到 A 的末尾

算法 4-1　归并排序

4.3.2.2　快速排序算法

【基本概念】

快速排序算法是一种基于比较的排序算法。它的基本思想与归并排序类似，也是基于

分治的。在递归过程中，通过选择一个基准数，将数组的一段分成比基准数小的和比基准数大的两个部分，然后递归分别对这两个部分排序。

在最坏情况下，算法的时间复杂度为$O(n^2)$，平均意义下，算法的时间复杂度为$O(nlogn)$。在实践中，快速排序算法在运行效率上一般要优于归并排序算法。

【性质】

快速排序算法是不稳定的。

【算法】

设对数组A进行排序，快速排序算法通过调用过程$quick\_sort(l, r)$完成对A上$[l, r)$的一段的排序工作，其流程如算法4-2所示。

算法：快速排序$quick\_sort(l, r)$
输入：数组A
输出：排好序的A
具体流程：
（1）在A中$[l, r)$段选择一个数，比如$m = A[r-1]$
（2）以m为准对$[l, r)$进行划分，使得$[l, k)$中任意的数x满足$x \leq m$，而$[k, r)$中任意的数y满足$y > m$，其具体过程如下：
　（2.1）设指针i用于扫描$[l, r)$中的每一个数，初始时$i = l$, $k = l$，保证$[l, k)$中任意数x满足$x \leq m$，且$[k, i)$中任意的数y满足$y > m$
　（2.2）如果$A[i] \leq m$，则将$A[i]$与$A[k]$互换位置，并将$k+1$
　（2.3）将$i+1$，重复（2.2）直到$i = r$
（3）递归调用$quick\_sort(l, k-1)$与$quick\_sort(k, r)$对子序列进行排序

算法 4-2　快速排序

图 4-12 是快速排序的一个例子，待排序数列是2, 5, 4, 1, 6, 3。

初始时$l = 1, r = 6, i = 1, k = 1, m = 3$，如图 4-12（a）所示。

由于$A[i] > m$，所以不交换，i向右移动到2号位置，如图 4-12（b）所示。

由于$A[i] \leq m$，交换$A[i], A[k]$，如图 4-12（c）所示。

k右移，i右移，如图 4-12（d）所示。

由于$A[i] > m$，i直接右移，如图 4-12（e）所示。

由于$A[i] \leq m$，交换$A[i], A[k]$，如图 4-12（f）所示。

k右移，i右移，如图 4-12（g）所示。

由于$A[i] > m$，i直接右移，如图 4-12（h）所示。

由于$A[i] \leq m$，交换$A[i], A[k]$，如图 4-12（i）所示。

k右移，i右移，如图 4-12（j）所示。

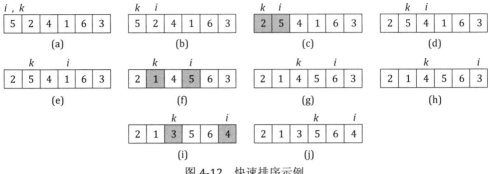

图 4-12 快速排序示例

此时i已经出了下标范围，划分步骤终止。可以发现k所指位置之前的元素都小于等于m，而从k位置开始向后的元素都比m来的大。接下来只需要递归分别对两部分进行快排即可，这里就不详细演示了。

最后排好的序列为$1, 2, 3, 4, 5, 6$。

【扩展】

如果在排序之前对还未排序的元素进行随机洗牌或是在排序过程中随机地选择基准数m，则快速排序的期望复杂度为$O(nlogn)$。

4.3.2.3 线性排序算法

【基本概念】

无论是朴素的插入排序、冒泡排序，还是高效的快速排序、归并排序，排序结果中各元素的顺序是基于输入元素之间的比较，这类排序算法被称为比较排序算法。此类算法的时间复杂度的理论下界为$O(n \log n)$。

线性排序算法采用了一些非比较的操作来确定顺序，所以可以突破比较排序算法的时间理论下界。这里主要介绍三种线性排序算法：计数排序、基数排序和桶排序。

【算法】

计数排序

计数排序假设输入的n个元素都是介于0到k之间的整数，当$k = O(n)$时，只需开一个规模为k的数组进行统计，即可完成排序。

下面是计数排序的一个例子，其中每个元素都是0至4之间：

待排序数列为：$3, 3, 3, 2, 1, 2, 4, 1, 4, 4$

0到4之间每个数出现的次数依次是：0、2、2、3和4次，如图 4-13（a）所示。

最后排好序的数组如图 4-13（b）所示。

图 4-13　计数排序示例

基数排序

基数排序假设输入的n个元素都不超过d位，而且每位的数字都介于0到k之间。它的基本思想是把最高位数字看做是排序的第一关键字，次高位数字看做是排序的第二关键字，依此类推。

它的流程简单如下：

假设第1位为最低位、第d位为最高位：

对从低到高的每一位i，使用一种稳定排序算法按照第i位进行排序。

当k不大的时候，可以选择计数排序作稳定的中间排序算法。

下面是基数排序的一个例子，每个元素不超过2位，每位数字介于0～9之间，如图 4-14（a）所示。

第一次，按照第一位（最低位）排序，结果如图 4-14（b）所示。

第二次，按照第二位（最高位）排序，结果如图 4-14（c）所示。

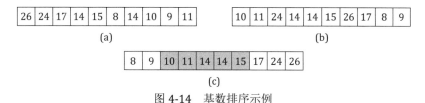

图 4-14　基数排序示例

注意到，虽然10,11,14,14,15最高位都为1，但由于采用了稳定排序的方法，第二次排序不会打乱第一次排序之后他们之间相对的顺序关系，所以排序的结果是正确的。

桶排序

桶排序假设输入的n个元素一致的分布在0到1之间。

算法流程如下：

（1）把0到1分割成n个等大的子区间（桶），并把输入元素放入与之相对应的桶中。

（2）在桶内进行插入排序。

（3）依次合并排完序的桶。

下面是桶排序的一个例子。待排序的数列为：25，90，55，23，24，48，44，59，33，91。

按十位数划分成0～9，10～19，20～29，30～39，…，90～99这10个桶，其中5个

是非空的桶，如图 4-15（a）所示。

对每个桶分别排序，如图 4-15（b）所示。

最后依次合并的结果就是排序好的序列，如图 4-15（c）所示。

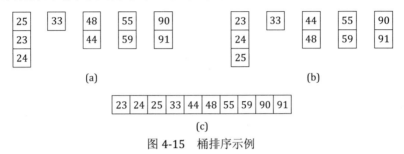

图 4-15　桶排序示例

4.4　树

4.4.1　堆

4.4.1.1　二叉堆

【基本概念】

堆是一种特殊的树形数据结构，并且满足如下性质，如果 B 是 A 的孩子节点，那么 $KEY(A) \geq KEY(B)$，根是值最大的元素，这样的堆称做最大化堆，相反的，也可以规定如果 B 是 A 的孩子节点，那么 $KEY(A) \leq KEY(B)$，根是值最小的元素，这样的堆称做最小化堆。二叉堆是一颗有堆性质的完全二叉树。二叉堆的根也被称为堆顶。

以下不加特殊说明，堆都指的是最大化堆。

【性质】

1. 二叉堆是一棵完全二叉树。

2. 如果用数组储存堆，下标为 i 的节点的左右儿子可以用下标 $2i$，$2i + 1$ 表示。

【算法】

插入

将需要添加的元素放在堆的最底层的最后一个，此时依然为完全二叉树，比较该节点和它父亲的大小，如果它们满足堆序，结束，否则交换它和它的父亲，并重复操作，此操作称为上升。

相应的有下沉操作，对于某个节点，如果它比它的儿子节点小，那么将它与两个儿子中较大（小）的交换，重复操作直到满足堆序。

删除

将要删除的元素与堆的最底层的最后一个交换后删掉（堆的大小减1）。对交换过来的节点做下沉操作。

查找

堆能查找最大的元素，即为堆顶。

建堆：将数组元素倒过来执行下沉操作，最后得到一个堆。

复杂度

因为堆的深度最多log(|V|)，所以堆插入，删除的复杂度都为log(|V|)。

建堆复杂度为$O(|V|)$。

查询复杂度为$O(1)$。

举例

最大化堆，如图 4-16（a）所示。

插入15，如图 4-16（b）所示。

上浮，如图 4-16（c）所示。

删除15，如图 4-16（d）和图 4-16（e）所示。

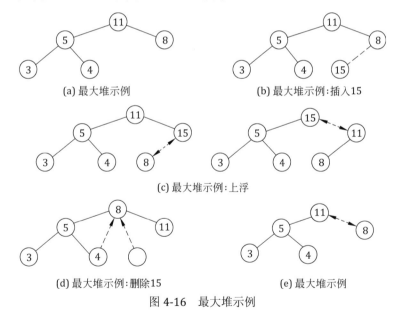

图 4-16 最大堆示例

【用途】

1. 堆排序，建立一个堆，每次取出堆顶元素，然后将堆顶删除，这样得到的序列是有序的。

2. 实现优先队列。

4.4.1.2 左偏树

【基本概念】

左偏树是一种易实现的可并堆。它是二叉树的变种，除了需要维护堆性质外，每个节点多记录一个值，设为s值，表示该节点到最近的叶子节点的距离（这里的叶子节点包括只含有一个儿子的节点）。左偏树需要保证每个节点右儿子的s值总是不大于左儿子的s值。所以相较于二叉堆，左偏树在树的结构上往往是很不平衡的。

同二叉堆一样，左偏树可以维护一个最大化堆，也可以维护一个最小化堆。以下不加特殊说明，堆都指的是最大化堆。

【性质】

（1）左偏树根节点s值不超过$\log(|V|)$。

（2）左偏树是可并的。

（3）如果规定空节点的s值为-1，那么每个点的s值等于其右儿子的s值加1。

【算法】

合并操作是左偏树的精髓。

采用递归的方式合并两棵左偏树：

（1）如果有一棵树为空，返回另外一棵树。

（2）将根节点键值较小的树与较大树的右子树合并。

（3）如果合并后违反了左偏性质，即右儿子s值大于左儿子s值，交换两个儿子，并且更新当前节点s值。

插入

可视为与一棵只有一个元素的左偏树合并。

删除根操作

删除根，合并其左右子树。

复杂度

因为不断与右子树合并，根的s值不超过$\log(|V|)$，所以复杂度是$\log(|V|)$。

图 4-17（a）是个左偏树的例子，括号中为节点的s值，可以看出每个节点的s值都是其右儿子s值加1。

下面演示一个合并的例子。如果想将图 4-17（a）的左偏树与图 4-17（b）的左偏树合并。

尝试合并根，因为$37 > 26$，则递归合并，如图 4-17（c）所示。

由于$26 > 24$，递归合并，如图 4-17（d）所示。

由于24 > 21，递归合并，如图 4-17（e）所示。

21 > 7，又因为21右节点为空，所以合并结果如图 4-17（f）所示。

回溯到上一层，合并好的树被当作了新的右子树。但由于违反了左偏性质，所以交换两棵子树，如图 4-17（g）所示。

一直回溯向上，最终合并后的树如图 4-17（h）所示。

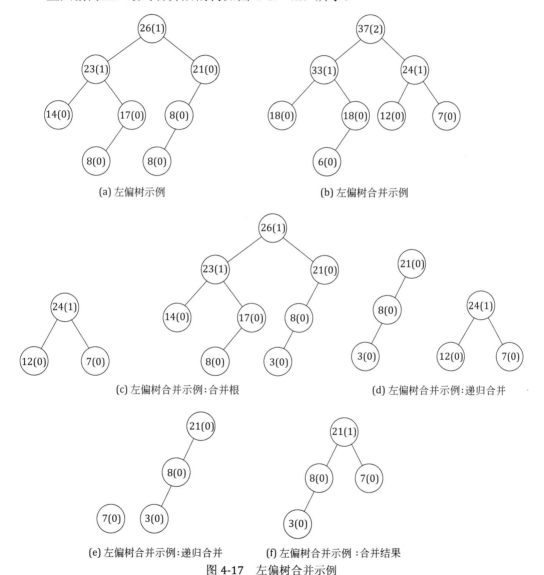

(a) 左偏树示例　　　　　　　　　　　　　　(b) 左偏树合并示例

(c) 左偏树合并示例：合并根　　　　　　　　(d) 左偏树合并示例：递归合并

(e) 左偏树合并示例：递归合并　　　　(f) 左偏树合并示例：合并结果

图 4-17　左偏树合并示例

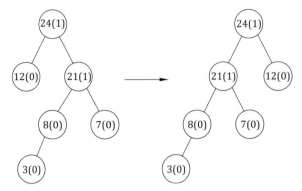

(g) 左偏树合并示例：交换两棵子树

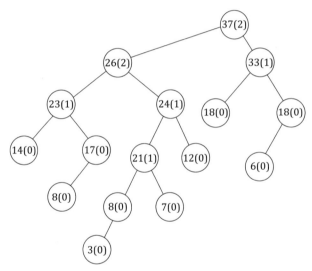

(h) 左偏树合并示例：最终合并结果

图 4-17（续）

4.4.2　二叉树

4.4.2.1　二叉搜索树

【基本概念】

二叉搜索树（Binary Search Tree）是一棵空树，或者是具有下列性质的二叉树：

（1）若它的左子树不为空树，则左子树中所有节点的值均小于它的根节点的值；

（2）若它的右子树不为空树，则右子树中所有节点的值均大于它的根节点的值；

（3）左右子树均为二叉搜索树。

二叉搜索树支持的基本操作包括查询、插入和删除。

图 4-18 是一棵二叉搜索树的例子。

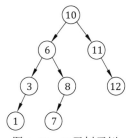

【性质】

（1）在一个二叉搜索树中，最大值节点一定没有右儿子。

（2）在一个二叉搜索树中，最小值节点一定没有左儿子。

（3）对二叉搜索树进行中序遍历可以得到树中节点值的一个从小到大的排列。

图 4-18　二叉树示例

【算法】

1. 在二元搜索树T中查找值x是否存在如算法 4-3 所示。

算法：Find(T, x)

输入：树T和值x

输出：Yes 或 No

具体流程：

（1）如果T是空树，返回 No

（2）如果T的根节点的值为x，返回 Yes

（3）否则

　　（3.1）如果x小于T的根节点的值，递归Find(T的左子树,x)

　　（3.2）否则，递归Find(T的右子树,x)

算法 4-3　二叉树的查找算法

2. 插入则只需在查找失败时，将新节点加入即可，伪代码如算法 4-4 所示。

算法：Insert(T, x)

输入：树T和值x

输出：插入x后的树T

具体流程：

（1）如果T是空树，将T变成一个只包含一个节点x的二叉搜索树

（2）如果T的根节点的值为x，返回

（3）如果x小于T的根节点的值，递归Insert(T的左子树,x)

（4）否则，递归Insert(T的右子树,x)

算法 4-4　二叉树的插入

3. 删除操作稍复杂，首先递归找到待删除节点的位置，然后根据它的儿子的个数，分三种情况讨论：

（1）没有儿子，则直接删除。

（2）有且仅有一个儿子，删除后将儿子放在它原有的位置上。

（3）否则，需要在左子树中找到一个值最大的节点，将这个节点的值备份，并删除这个节点。最后将原待删节点的值赋值为备份的值。

4. 伪删除。一方面由于删除操作较为复杂（尤其是在平衡二叉树中），一方面由于插入的树中的数可能有重复，因此可以在每个节点上维护一个计数器，记录当前节点实际有多少个副本。每遇到一次重复的插入，就加上1，每遇到一次删除，就减去1。当计数器变为0的时候，仍然可以把节点留在树中，这就是伪删除。当然当这类假节点过多的时候，操作的效率可能会受影响。

【扩展】

可以在每个节点维护整棵子树中的一些信息，比如最大最小值、和等。

4.4.2.2　Treap

【基本概念】

Treap = Tree + Heap。Tree是指二叉搜索树，而Heap指的是二叉堆，一般是最小堆。Treap需要维护两个值，一个是二叉搜索树中的键值(key)，另一个是最小堆中的优先级值(aux)。

Treap是一棵 aux 值满足最小堆性质的二叉搜索树。

Treap的 aux 值是在插入时随机赋值的。所以会出现新插入的节点不满足堆性质。所以需要引入旋转操作，如图 4-19 所示。

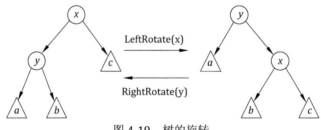

图 4-19　树的旋转

图中圆圈表示单个节点，而三角形表示一个子树，子树可以为空树。

容易发现，旋转操作不会影响到Treap的二叉搜索树性质。所以当不满足堆性质时，可以通过旋转操作来使它满足堆性质。

【性质】

可以证明，优先级值随机赋值，可以使Treap的期望深度为$O(\log N)$。

【算法】

1. 查找和普通的二叉搜索树相同。

2. 插入的时候，需要判断插入后是否符合堆性质，不符合则需要一直旋转，直到满足堆性质。流程如算法 4-5 所示。

算法：Treap的插入Insert(T, x)
具体流程：
（1）如果T是空树，将T变成一个只包含一个节点x的二叉搜索树
（2）如果T的根节点的值为x，属于重复值，返回
（3）如果x小于T的根节点的值
　　（3.1）Insert(T的左子树,x)
　　（3.2）如果T的左儿子不满足堆性质（即优先级比T的小），则LeftRotate(T)
（4）否则
　　（4.1）Insert(T的右子树,x)
　　（4.2）如果T的右儿子不满足堆性质，则RightRotate(T)

算法 4-5　Treap 的插入

3. 删除操作在引入了旋转操作后显得更直观。只需要将待删除节点在保证其他节点堆性质的情况下，将其旋转成叶子节点即可，如算法 4-6 所示。

算法：Delete(T)，删除树T的根节点
输入：节点T
具体流程：
（1）如果T有左儿子或右儿子，做如下过程
　　（1.1）如果T没有右儿子，$T \leftarrow$ LeftRotate(T)
　　（1.2）否则如果T没有左儿子，$T \leftarrow$ RightRotate(T)
　　（1.3）否则
　　　　（1.3.1）如果T的左儿子优先级小于T的右儿子，$T \leftarrow$ LeftRotate(T)
　　　　（1.3.2）否则，$T \leftarrow$ RightRotate(T)
　　（1.4）转到（1）
（2）删除节点T

算法 4-6　Treap 的删除

【扩展】

可以通过将一个节点的优先级值设成负无穷大，来强制其为根。但是这有可能会破坏Treap的期望深度。

4.4.2.3　伸展树

【基本概念】

伸展树（Splay Tree）是一种高效的二叉搜索树，但与Treap不同的是，它不需要维护其他的性质。它是通过对每次查询、插入处理到的节点进行提根（Splay）操作来达到这一效果的。为了方便叙述，重新定义旋转如图 4-20（a）所示。

图中圆圈表示单个节点，而三角形表示一棵子树，子树可以为空树。下同。

由 zig 和 zag，可以得到双旋操作，如图 4-20（b）所示。

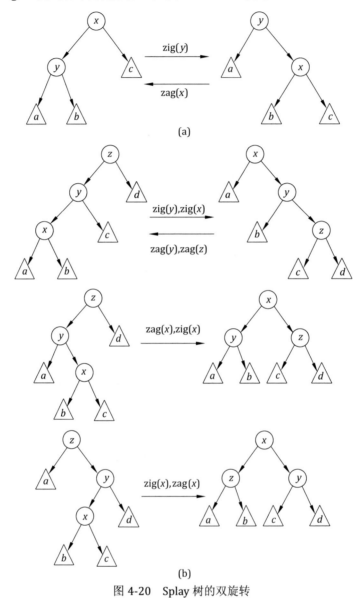

(a)

(b)

图 4-20　Splay 树的双旋转

【性质】

可以证明，伸展树操作的均摊时间是 $O(\log N)$ 的。

【算法】

伸展树的精髓就在于Splay操作。

Splay操作是通过不断的双旋，来提根的。特别地，如果当前节点的父亲就是根节点，那么只需要单旋；否则，需要根据当前节点和它的父亲以及它的父亲的父亲之间的左右儿子关系分情况选择以上几种双旋中的一种即可。

举例说明，在图 4-21 所示的二叉树中，对节点 *J* 进行Splay操作。

J—H—F 进行一次同向双旋，如图 4-21（b）所示。

J—E—B 进行一次异向双旋，如图 4-21（c）所示。

J—A 进行一次单旋，如图 4-21（d）所示。

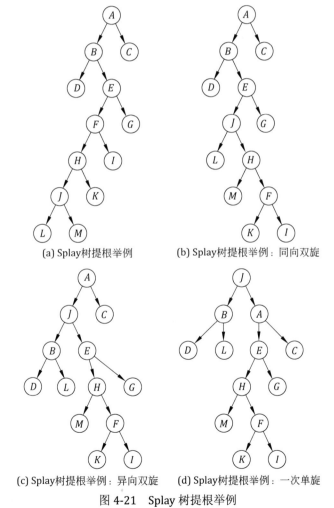

(a) Splay树提根举例　　　　(b) Splay树提根举例：同向双旋

(c) Splay树提根举例：异向双旋　(d) Splay树提根举例：一次单旋

图 4-21　Splay 树提根举例

此时节点 J 成为根节点。

伸展树的插入和查找和普通的二叉搜索树一样，只需要在操作结束时，对节点进行 Splay操作即可。

举例说明，在图 4-22（a）所示的二叉树中，新插入节点F。

对F进行Splay操作，如图 4-22（b）所示。

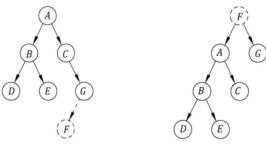

(a) Splay树插入举例:插入节点F (b) Splay树插入举例:进行Splay操作

图 4-22　Splay 树插入举例

删除操作的话只需要将待删除节点提根，然后合并左右子树即可。

在合并两棵满足一棵树中所有节点的值都比另一棵树小的伸展树时，只需将较大树中的最小值提根，然后将较小树直接接在较大树根节点的左边即可。

举例说明，在图 4-23（a）所示的二叉树中，删除节点E。

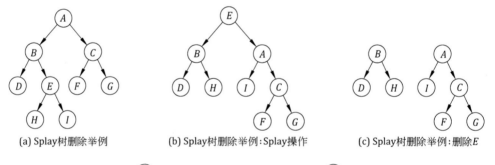

(a) Splay树删除举例　　　　　(b) Splay树删除举例:Splay操作　　　　　(c) Splay树删除举例:删除E

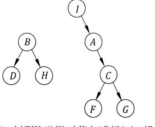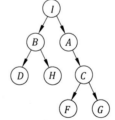

(d) Splay树删除举例:对节点I进行Splay操作　　　　　(e) Splay树删除举例:最终结果

图 4-23　Splay 树删除举例

对*E*进行Splay操作，如图 4-23（b）所示。

将*E*删除，如图 4-23（c）所示。

对较大树中的最小值节点*I*进行Splay操作，如图 4-23（d）所示。

将较小树植在较大树根节点的左边，如图 4-23（e）所示。

【扩展】

可以用来实现动态树。

4.4.3　线段树

【基本概念】

线段树(Segment Tree)是一种实现简单、支持多种操作的平衡二叉树。它的每个节点都代表一段区间。一个[L, R]区间的左儿子代表的区间是$[L, (L + R)/2]$，右儿子代表的区间是$[(L + R)/2 + 1, R]$。叶子节点的区间只有一个数，即$L = R$。在一些问题中，左右儿子区间也可以按照$[L, (L + R)/2]$和$[(L + R)/2, R]$划分，叶子节点为长度为1的区间，即$L + 1 = R$。不难发现，一旦线段树的叶子节点个数确定了，整棵树的结构就固定不变了。

如图 4-24 是一棵代表区间[1,5]的线段树。

线段树可以很自然的支持一些区间型的操作，例如，如果每个叶子节点上存有一个整数值并在每个内节点上维护整棵子树（整个区间）上的值的和，则可以通过线段树查询知道任意一段区间[L, R]上的值的和（[L, R]无需是线段树上的节点）。以上图为例，[2,5]区间的值的和可以由线段树上[2, 2]节点、[3, 3]节点和[4, 5]节点共同推出。

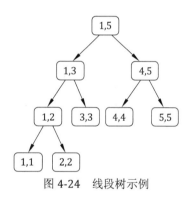

图 4-24　线段树示例

可以证明任意区间（1到*N*范围内）最多只需要$O(\log N)$个线段树的节点区间拼接而成，加上线段树的深度是$O(\log N)$，所以上述以及类似区间型操作可以在对数时间内完成。

仍然以上面的例子为例，线段树可以支持将一段区间里的值一起加上某个数。这时候线段树需要对涉及的节点进行标记。但由于子节点并不知道祖先节点被标注了，所以需要在递归查询的时候额外维护一些变量做辅助。比如，如果是对[2,5]区间进行操作，线段树需要在[2, 2]、[3, 3]和[4, 5]节点上分别把加上的数记录下来，假设下一个查询是问[5,5]这个区间上的数的数值的，此时由于递归到[5,5]前会事先经过[4,5]，所以可以正确的回答查询。

【算法】

线段的操作一般使用递归实现，且基本格式如算法 4-7。

算法：线段树的操作$Process(l, r, ll, rr)$
输入：当前子树的根节点$[l, r]$，以及需要处理的区间$[ll, rr]$
具体流程：
（1）如果$ll \leq l$且$r \leq rr$，整段标记或返回查询内容
（2）如果当前节点有标记，下传标记，并清空当前标记
（3）$mid \leftarrow (l + r)/2$
（4）如果$[l, mid]$和$[ll, rr]$有交集，$Process(l, mid, ll, rr)$
（5）如果$[mid + 1, r]$和$[ll, rr]$有交集，$Process(mid + 1, r, ll, rr)$
（6）用左右子树的信息更新当前节点

算法 4-7 线段树的操作

【扩展】

1. 线段树可以直接存在一个数组上面，有两种常用的顶点的标号方法：

（1）堆式标号法，即节点x的左儿子是$2x$，右儿子是$2x + 1$。

（2）利用区间标号的性质：代表$[l, r]$区间的节点的标号为$(l + r)|(l! = r)$，其中|为按位或运算。

2. 可以利用类似的思想实现二维线段树。

第5章　图　论

5.1　图

5.1.1　基本概念

5.1.1.1　图的定义与基本术语

【基本概念】

图：一个图G是一个三元组，这个三元组包含一个顶点集$V(G)$，一个边集$E(G)$和一个关系。该关系使得每一条边和两个顶点（不一定是不同的顶点）相关联，并将这两个顶点称为这条边的端点。

有向图：一个有向图G是一个三元组，其中包含一个顶点集$V(G)$、一个边集$E(G)$和一个为每条边分配一个有序顶点对的函数。有序对的第一个顶点是边的起点，第二个顶点是终点，它们统称边的端点。我们说一条边就是指一条从其起点到终点的边。

带权图：在有向图和无向图的基础上，每条边有一个额外的权值。

自环：一条两个端点相同的边。

重边：具有同一对端点的多条边。

简单图：一个不含自环和重边的图。

相邻：当u和v是一条边的两个端点时，称u,v相邻。

补图：一个简单图G的补图也是一个简单图，其点集为$V(G)$，且边集为$E(G)$的补集。

子图：图G'称为图G的子图当且仅当$V(G') \subseteq V(G)$且$E(G') \subseteq E(G)$。

诱导子图：图G'称为图G的诱导子图当且仅当$V(G')$是$V(G)$的一个子集，而$E(G')$是$E(G)$中的两个端点都在$V(G')$中的边的集合。

度：点u的度是关联到u的边的条数。u上的自环在计算度数的时候要计算两次。在有向图中，度则分为入度和出度。

阶：点集中的点的个数。

简单路径：一条路径是一个简单图，其顶点可以排序，使得两个顶点是相邻的当且仅当它们在顶点顺序中是前后相继的。

环：一个环是一个顶点数和边数相等的图，其顶点可以放置于一个圆周上，使得两个顶点是相邻的当且仅当它们在圆周相继出现。

【性质】

无向图的度数之和一定为偶数，且等于边数的两倍。

【举例】

如图 5-1 中的上左图，为一个有向图，因为它包含了自环与重边，所以它不是一个简单图。对于点 1，它的入度是2，出度是1；点 5 的出度是5，入度是1。

图 5-1 中的上右图，为图 5-1 中的上左图的一个诱导子图。

如图 5-1 中的下左图，为原有向图（上左图）的一个子图，同时也是一条简单路径。

如图 5-1 中的下右图，为原有向图的一个子图，同时也是一个环。

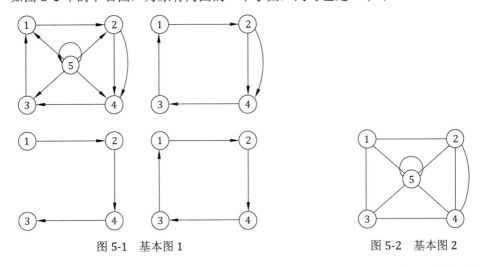

图 5-1　基本图 1　　　　　　　　　　　图 5-2　基本图 2

如图 5-2 所示，是一个阶数为5的无向图。因为它包含了自环和重边，所以它不是一个简单图。

对于点 1，它的度数是3；点 5 的度数是 6。

5.1.1.2　匹配与覆盖

【基本概念】

匹配是指无向图的边集的一个子集，使得这个子集中的任意两条边没有公共顶点且不包含自环。一个点被匹配当且仅当存在与该点相关联的边在匹配集中。

如果一个匹配不是其他匹配的子集，那么称这个匹配为极大匹配。也就是说在极大匹配中添加任意一条其他的边生成的集合不是匹配。

对于一个图 G，其中边数最多的匹配称为最大匹配。

如果一个匹配覆盖了所有的顶点，那么称其为一个完备匹配。

图 5-3 是一个完备匹配的例子，匹配边为加粗的边。

顶点覆盖是指无向图的点集的一个子集，使得边集中的任意一条边都至少有一个端点在这个子集中。顶点覆盖的大小即为顶点覆盖中的点的个数。

如果其他顶点覆盖都不是这个顶点覆盖的子集，那么称这个顶点覆盖为极小顶点覆盖。也就是说在极小顶点覆盖中去掉任意一个其中的点生成的集合不是顶点覆盖。

对于图 G，其中最小的顶点覆盖称为最小顶点覆盖。

图 5-4 是一个最小顶点覆盖的例子，其中深色的顶点是覆盖中的点。可以看出任意一条边都至少有一个端点在覆盖里的。

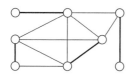

图 5-3　一个图的匹配

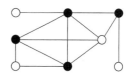

图 5-4　图的顶点覆盖

边覆盖是指无向图的边集的一个子集，使得点集中的任意一个点都至少有一条相关联的边在这个子集中。边覆盖的大小即为边覆盖中的边的条数。

如果其他边覆盖都不是这个边覆盖的子集，那么称这个边覆盖为极小边覆盖。也就是说在极小边覆盖中去掉任意一条其中的边生成的集合不是边覆盖。

对于图 G，其中最小的边覆盖称为最小边覆盖。

图 5-5 是最小边覆盖的一个例子，其中加粗的边属于覆盖。

路径覆盖是指在一个有向图 G 中，选取一些路径，使得每一个顶点都恰好属于一条路径。这些路径中可以存在长度为 0 的路径，即一个孤立的点。

所选路径最少的路径覆盖称为最小路径覆盖。

图 5-6 是最小路径覆盖。需要三条路径才能覆盖。

图 5-5　边覆盖

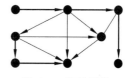

图 5-6　路径覆盖

【性质】

1. 最大匹配一定是极大匹配，而极大匹配不一定是最大匹配。

2. 最小顶点覆盖一定是极小顶点覆盖，而极小顶点覆盖不一定是最小顶点覆盖。

3. 最小边覆盖一定是极小顶点覆盖，而极小边覆盖不一定是最小边覆盖。

4. 任意一个顶点覆盖的补集，一定是一个独立集（见 5.1.1.3 节）；反之亦然。

5. |最小顶点覆盖| + |最大独立集| = |V|。

6. 最大匹配中的所有端点组成的点集是一个顶点覆盖。

7. 在二分图中，最小顶点覆盖和最大匹配在数值上相等。

【算法】

1. 求解一般图的最小顶点覆盖和最小路径覆盖都是 NPC 的问题。

2. 求解任意图的最大匹配：Edmonds's matching algorithm，时间复杂度为 $O(|V|^4)$。经过优化，可以使时间复杂度降为 $O(E\sqrt{V})$。

5.1.1.3 独立集、团与支配集

【基本概念】

独立集是指无向图中点集的一个子集，其中任意两点不相邻。即不存在一条边连接独立集中的两个点。等价于任意一条边最多有一个端点在独立集中。独立集的大小定义为独立集中点的个数。

如果一个独立集不是其他独立集的子集，那么称这个独立集为极大独立集。也就是说在极大独立集中添加任意一个其他的点生成的集合不是独立集。

对于一个图 G，其中最大的独立集称为最大独立集。

图 5-7 中深色的点组成了该图的一个最大独立集。

与独立集的定义相对，团是指无向图中点集的一个子集，其中任意两点都有边连接。团的大小即为团中的点的个数。

如果一个团不是其他团的子集，那么称这个团为极大团。也就是说在极大团中添加任意一个其他的点生成的集合不是团。

对于一个图 G，其中最大的团称为最大团。

图 5-8 中深色的点组成了该图的一个最大团。

支配集是指无向图中点集的一个子集，所有无向图中的点，要么属于这个子集，要么与这个子集中的点相邻。支配集的大小即为支配集中的点的个数。

如果其他支配集都不是这个支配集的子集，那么称这个支配集为极小支配集。也就是说在极小支配集中去掉任意一个其中的点生成的集合不是支配集。

对于一个图 G，其中最小的支配集称为最小支配集。

图 5-9 中深色的点组成了该图的一个最小支配集。

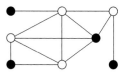
图 5-7　最大独立集

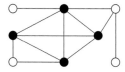
图 5-8　最大团

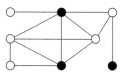
图 5-9　最小支配集

【性质】

1. 最大独立集一定是极大独立集，而极大独立集不一定是最大独立集。

2. 最大团一定是极大团，而极大团不一定是最大团。

3. 最小支配集一定是极小支配集，而极小支配集不一定是最小支配集。

4. 一个极大独立集一定是一个支配集。

5. 最小支配集不一定是独立集，但是最小支配集的大小小于等于最小的极大独立集的大小。

6. 图 G 的最大团=G 的补图的最大独立集。

7. |最小顶点覆盖| + |最大独立集| = |V|。

【算法】

对于一般图，求解其最大独立集、最大团以及最小支配集，是一类经典的 NPC 问题。

【扩展】

Ramsey 数：对于所有的 n 个顶点的图，要么包含大小为 k 的团要么包含大小为 l 的独立集。具有这样性质的最小的 n 称为 $R(k, l)$。Ramsey 证明，对于给定的正整数 k、l，$R(k, l)$ 的答案唯一且有限，且求得了 $R(3,3) = 6$。

5.1.1.4　图的染色

【基本概念】

图的染色是一种特殊的图标号问题，在这里，标号一般被称为颜色。简单地说，就是给图中的每个顶点分配一种颜色，使得不存在相邻两个顶点同色，这种染色方法被称做点染色。类似的，我们可以定义出边染色、平面图的区域染色。

注意到边染色、区域染色等其他染色问题，均可以通过重新构图，转化成点染色。所以在这里，只讨论点染色。

如果一个图的染色用到了 K 种颜色，那么称这个染色方案是一个 K 染色。

对于一个图 G，如果它的所有染色方案至少需要 K 种颜色，那么称这个图的色数为 K。

图 5-10 是一个二染色的例子。

图 5-10　图的二染色

【性质】

1. 一个图 G 能二染色当且仅当图 G 中没有长度为奇数的环，也就是说图 G 是一个二分图。

2. 一个平面图的色数小于等于4。

3. 如果一个图中存在一个大小为K的团，那么这个图的色数至少是K。

【算法】

1. 判断一个图 G 是否能二染色，等价于判断图 G 是否是二分图。只需要 BFS 即可。

2. 对于弦图，可以直接按完美消除序列贪心染色。

3. 对于一般图，判断其是否存在一个K染色$(K > 2)$是一个经典的 NPC 问题。

【用途】

1. 给地图着色。

2. 数独可以被看成是对一个给定的图求一种 9 染色。

5.1.2　特殊图的分类

【基本概念】

树：没有环的连通图。

平面图：可以让所有边都不相交地画在平面上的图。也就是说可以嵌入到一个平面的图。

平面图的对偶图：把平面图的每一个区域看成一个顶点，一条与两个区域相邻的边看成是一条新的连接这两个区域的边。

有向无环图：一个没有有向环的有向图。

二分图：$V(G)$可以分为两个不相交的子集U和V，使得所有的边的两个端点一个在U中，而另一个在V中。

正则图：任意两个顶点度数都相同的图。对于一个有向图，则需要出度和入度都相等。每个顶点的度数均为 k 的正则图称为 k 正则图。

弦图：对于图中的任意一个长度大于 3 的环都含有一条弦。弦是指连接两个在环中不相邻的顶点的边。又称为三角形图。

竞赛图：任意两点间有且仅有一条有向边的图。

【性质】

1. 树中任意两点间的路径唯一。

2. 在|V|一定时，树是|E|最小的连通图，|E| = |V| − 1。

3. 树一定是二分图。

4. 任意一个连通的无向图一定存在生成树。

5. 平面图的最大流等于其对偶图的最短路。

6. 平面图的色数小于等于 4。

7. 平面图满足欧拉公式|V| + |F| = |E| + 2，其中|F|为区域个数。

8. 对于连通的平面图，存在一个顶点，它的度数至多是 5。

9. 一个图是有向无环图当且仅当这个图可以进行拓扑排序。

10. 一个图是二分图当且仅当图中不包含长度为奇数的环。

11. 一个图是二分图当且仅当这个图可以二染色，也就是说这个图的色数不超过 2。

12. 0 正则图是许多孤立的顶点。

13. 1 正则图是许多孤立的边。

14. 2 正则图是许多孤立的环。

15. $2k − 1$个顶点的 k 正则图一定存在一个哈密顿回路。

16. 弦图不包含没有弦的环。

17. 弦图的所有诱导子图都是弦图。

18. 如果一个顶点序列$\{V_1, V_2, \cdots, V_n\}$，使得任意一个顶点 v，它和与它相邻的且出现在这个序列后的顶点组成一个团。这样的序列称为完美消除序列。一个图是弦图当且仅当这个图存在完美消除序列。

19. 弦图的色数等于弦图中的最大团的大小。

20. 弦图的染色方案可以通过按照完美消除序列的逆序进行贪心得到。

21. 竞赛图存在哈密顿路。

【算法】

1. 拓扑排序，如算法 5-1 所示。

输入：一个有向图
输出：顶点的拓扑序
具体流程：
（1）将所有入度为 0 的点加入队列。
（2）每次取出队首顶点。
（3）删除其连出的边，检查是否有新的入度为 0 的顶点，有则加入队列。
（4）重复（2）直到队列为空。

算法 5-1　拓扑排序

执行完该算法后，出队顺序即为拓扑序。时空复杂度均为$O(|V| + |E|)$。

2. 竞赛图的构造，如算法 5-2 所示。

输入：顶点数n

输出：一个n个点的竞赛图

具体流程：

（1）如果$n = 1$，则直接返回，否则构造一个$n - 1$个顶点的子图的哈密顿路。

（2）在$n - 1$个顶点的子图的哈密顿路的顶点序列$\{V_1, V_2, \cdots, V_{n-1}\}$中，找到一个位置，将剩余的一个点插入。可以证明，该位置一定存在，且可以通过二分法求得。

算法 5-2　竞赛图的构造

时间复杂度为$O(|V| \log |V|)$。

3. 完美消除序列，如算法 5-3 所示。

输入：图G

输出：完美消除序列

具体流程：

（1）对于每一个下标 i。

（2）$V_i = V \setminus \{V_1, V_2, \cdots, V_{i-1}\}$中与$\{V_1, V_2, \cdots, V_{i-1}\}$中相连的边最多的顶点。

算法 5-3　最大势算法

执行完该算法后，$\{V_i\}$即为完美消除序列。时空复杂度均为$O(|V| + |E|)$。

【举例】

图 5-11 为一棵树。

图 5-12 为一个平面图。

图 5-13 为一个有向无环图。

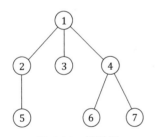
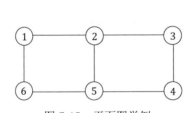
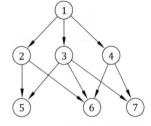

图 5-11　树举例　　　　图 5-12　平面图举例　　　　图 5-13　有向无环图举例

图 5-14 为一个二分图。

图 5-15 为一个二正则图。

图 5-16 为一个弦图。

图 5-17 为一个竞赛图。

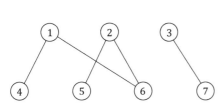

图 5-14　二分图举例

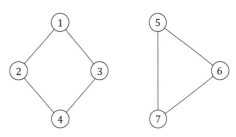

图 5-15　二正则图举例

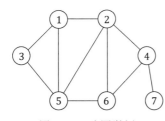

图 5-16　弦图举例

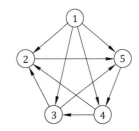

图 5-17　竞赛图举例

5.1.3　图的遍历

5.1.3.1　深度优先遍历

【基本概念】

深度优先遍历，简称 DFS，主要思想是：每次将一个没有访问过的顶点作为起始顶点，沿着当前顶点连出的边走到没有访问过的顶点。如果没有未访问过的顶点，就沿着与进入这个点的边相反的方向退一步，回到上一个顶点。

以上过程可以看成是一个顶点出栈和入栈的过程。每访问到一个未访问的顶点，可以视作该顶点入栈；回到上一个顶点时，可以视作该顶点出栈。

在 DFS 完成之后，通过扩展的边，可以得到一个 DFS 树。

在 DFS 过程中，我们可以给边分类：

1. 在 DFS 树中的边称为树边。

2. 从一个顶点连向它在 DFS 树中的一个后代的边，称为前向边。其中树边是前向边的一个子集。

3. 从一个顶点连向它在 DFS 树中的某个的祖先的边，称为返祖边。

4. 其他的边，称为横叉边。

将顶点按照 DFS 中访问的顺序排放成的序列称为前序遍历序列。一个表达式树的前序遍历序列称为波兰表达式。

相对的，将顶点按照 DFS 中访问的倒序排放成的序列称为后序遍历序列。一个表达式树的后序遍历序列称为逆波兰表达式。

【性质】

对于无向图，在 DFS 序列中，只有两种边：树边和返祖边。

【算法】

1. 深度优先遍历的时空复杂度均为 $O(|V(G)| + |E(G)|)$。

2. 下面给出深度优先遍历的算法流程：

（a）将一个未访问过的顶点作为起点，并视作当前顶点；如果所有顶点均已访问，则结束遍历。

（b）对于当前顶点，如果存在为访问过的相邻顶点 v，则将当前顶点变成 v，重复（b）。

（c）如果当前顶点是起点，那么重复（a），否则将当前顶点变为前一个顶点，重复（b）。

3. 一个实例：第一个图是原图。实心顶点表示在栈中，虚线的顶点表示已访问且不在栈中，虚线的边表示已处理。实线的边表示未处理。点和边上的数字均为各自标号。如果一个有向图如图 5-18（a）所示。

现在对这个有向图调用深度优先遍历，流程如图 5-18（b）所示。

遍历过程中，容易发现边 3 是横插边，边 4 是返祖边，其他均为树边。

原图对应的 DFS 序列为 1，2，4，3，5。

【用途】

遍历隐式图，求解一个可行解/所有解。

【扩展】

迭代加深深度优先遍历，简称 IDDFS 或者 DFSID。每次限制遍历的深度，进行 DFS。这个方法结合了 DFS 在空间效率上的优势和 BFS 在遍历效率上的优势。

5.1.3.2 广度优先遍历

【基本概念】

广度优先搜索是一种图的遍历方法，简称 BFS。主要的思想是，从一个顶点开始（该顶点称为根），遍历其所有相邻顶点，然后对于每个相邻顶点，遍历它们未遍历过的相邻顶点，重复操作，直到遍历完所有顶点。简单地说，先遍历兄弟顶点，后遍历孩子顶点。

上述过程是一个顶点出入队列的过程，扩展一个顶点产生的所有孩子顶点将添加至一个"先进先出"队列中。

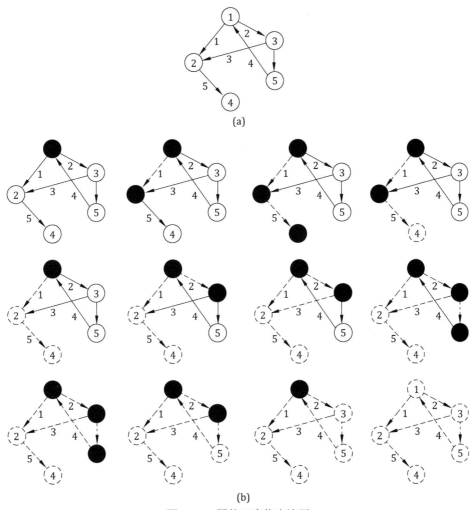

(a)

(b)

图 5-18　图的深度优先遍历

【性质】

遍历出的顶点序列到根的距离是非严格上升的。

【算法】

广度优先遍历的时间和空间复杂度都为 $O(|V(G)| + |E(G)|)$。

下面是算法的过程：

1. 将根顶点入队。

2. 队首顶点遍历后出队，将所有与队首顶点相连的未遍历过的顶点入队。

3. 如果队列为空，即遍历完成，否则重复 2。

图 5-19 是一个实例。

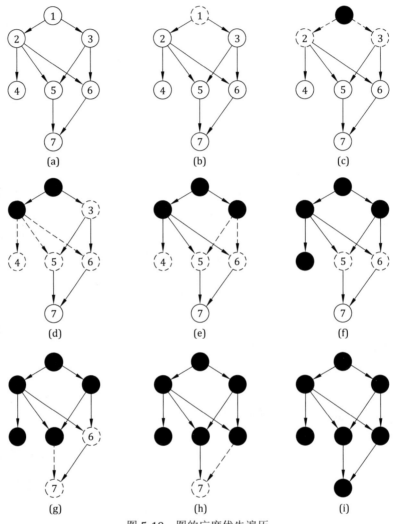

图 5-19　图的广度优先遍历

1. 将 1 压入队列中：{1}，如图 5-19（b）所示。

2. 遍历 1，将 2，3 压入队列中，1 出队列：{2，3}，如图 5-19（c）所示。

3. 遍历 2，将 4，5，6 压入队列中，2 出队列：{3，4，5，6}，如图 5-19（d）所示。

4. 遍历 3，3 出队列：{4，5，6}，如图 5-19（e）所示。

5. 遍历 4，4 出队列：{5，6}，如图 5-19（f）所示。

6. 遍历 5，将 7 压入队列中，5 出队列：{6，7}，如图 5-19（g）所示。

7. 遍历 6，6 出队列：{7}，如图 5-19（h）所示。

8. 遍历 7，7 出队列：{}，如图 5-19（i）所示。

【用途】

1. 寻找无权图两点间最短距离。

2. 判断图是否为二分图。

3. 遍历隐式图，求解最优解/所有解。

5.1.4 连通性

5.1.4.1 连通性的基本定义

【基本概念】

在无向图 G 中，两个顶点 u 和 v 被称为连通当且仅当在图 G 中存在一条从 u 到 v 的路径。否则，u 和 v 称为不连通的。一个图被称为连通的当且仅当每一对不相同的点都是连通的。

一个连通块是 G 的一个极大连通子图。每一个顶点和每一条边都恰好属于一个连通块。

图 5-20 是一个含有两个连通块的图，两个连通块之间没有边相连。

一个有向图是弱连通的，当且仅当将每条有向边替换为无向边后生成的无向图是连通的。一个有向图是强连通的，当且仅当对任意一对顶点 u 和 v，存在 u 到 v 的路径和 v 到 u 的路径。强连通块是极大强连通子图。

图 5-21 中的有向图是一个强连通图，容易验证任意两点之间都存在一条路径。

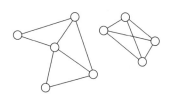

图 5-20 连通块举例

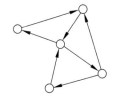

图 5-21 强连通图举例

图 5-22 中的有向图是一个弱连通图，由两个强连通块组成（空心点和实心点）。

连通图 G 的割或称为点割是指 G 的一个顶点子集，G 中删除这个子集及其相连的边会使得图不连通。一个图 G 的连通度是图 G 的所有割的大小的最小值。一个图 G 被称为 k 连通或者是 k 顶点连通，是指 G 的连通度大于等于 k。特别地，n 个顶点的完全图的连通度定义为 $n-1$。图 G 中两个顶点 u 和 v 之间的点割是指 G 中顶点的子集，G 中删除子集会使得 u 和 v 不连通。两个顶点间的局部连通度是指 u 和 v 间所有顶点割大小的最小值。

图 5-23 里的无向图连通度为 1，其中实心点是该图的一个最小的点割。顶点 1、2 之

间的局部连通度为 2，可以看出两个虚线画的点为两点之间一个最小的点割。

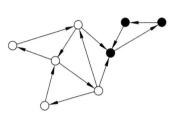

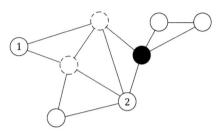

图 5-22　弱连通图举例　　　　　　　　图 5-23　点割举例

类似的，可以定义关于连通图 G 的边的连通度。由边构成的断连通集是图 G 边集的子集，删去该子集中的边会导致 G 不连通。边-连通度是指所有断连通集大小中的最小值。一个图称为 k 边-连通的，如果图的边-连通度大于等于 k。图 G 中两个顶点 u 和 v 之间的断连通集是指 G 中边的子集，G 中删除子集会使得 u 和 v 不连通。两个顶点间的局部边-连通度是指 u 和 v 间所有断连通集的大小的最小值。

【性质】

1. 一个图 G 的连通度是所有顶点对的局部连通度的最小值。
2. 一个图 G 的边-连通度是所有顶点对的局部边-连通度的最小值。
3. 非连通图的点-连通度和边-连通度都为0。
4. 1-连通等价于连通。
5. n 个点的完全图的边-连通度为 $n-1$，n 个节点的非完全图的边-连通度都小于 $n-1$。
6. 树中每对顶点间的局部边-连通度都等于1。

5.1.4.2　割点与桥

【基本概念】

在无向连通图 $G = (V, E)$ 中，如果删除一个点 u 及其相关的边，会使得新的图不连通，那么点 u 就称为图 G 的一个割点。

类似的，如果删除一条边 $e = (u, v)$ 后，会使新得到的图不连通，那么边 $e = (u, v)$ 就称为图 G 的一个桥，又叫割边。

如图 5-24 中的左图所示，点2和点4是割点，边(4,6)是桥。比较容易混淆的是点6是不是割点。事实上删掉点6及其相关的边之后，得到右图，仍是连通图，因此点6并不是割点。

【性质】

1. 一个无向连通图如果没有割点，那么任意两点之间，都存在点集互不相交（除了起点和终点外）的两条路径。

2. 一个无向连通图如果没有桥，那么任意两点之间，都存在边集互不相交的两条路径。

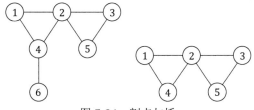

图 5-24 割点与桥

【算法】

对于一个无向连通图，可以通过如下算法找到所有的割点和割边：

定义$dfn[u]$为 DFS 遍历过程中，点u是第几个被访问到的。

定义$lowlink[u]$为该 DFS 遍历对应的DFS树中，以点u为根的子树上所有点可以通过某一条非树边连向的点中dfn的最小值。

首先，对图进行一次 DFS 遍历，可以得到每个点的dfn和$lowlink$。

考察所有点u和它在 DFS 树中的儿子节点$s_1, s_2, s_3, \cdots, s_k$：

（1）如果对于某个s_i，满足$lowlink[s_i] \geqslant dfn[u]$，那么点$u$是一个割点；

（2）如果对于某个s_i，满足$lowlink[s_i] > dfn[u]$，那么边(u, s_i)是一个桥。

对于搜索树的根节点，还需要特殊判断一下：如果根有且仅有一个儿子节点，那么根肯定不是割点。

对于上例中的图，如果从点1开始DFS，每次优先遍历点标号小的点，可以得到：

$$dfn[1..6] = \{1,2,3,5,4,6\}$$
$$lowlink[1..6] = \{1,1,2,1,2,6\}$$

对应的 DFS 树如图 5-25 所示，其中点1为根节点，带箭头的边表示 DFS 树上的一条树边及其对应的序。

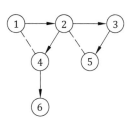

图 5-25 DFS 算法示例

根据上述判断规则，可以发现，对于点4，它的儿子只有点6，而$dfn[4] \leqslant lowlink[6]$，所以点4是割点；对于点 2，它的儿子有点 4 和点3，而$dfn[2] \leqslant lowlink[3]$，因此点2也是割点。

观察边(4,6)，因为$dfn[4] < lowlink[6]$，所以是割边。

5.1.4.3 强连通分量

【基本概念】

一个有向图$G = (V, E)$被称为强连通图，当且仅当图中任意两点间都有存在一条路径。即对于图中任意两点a和b，存在a到b的路径和b到a的路径。

强连通分量是指一个有向图G的一个极大强连通子图。

【性质】

1. 如果一个有向图 G 的所有强连通分量都只有一个点，那么这个图是有向无环图，即存在拓扑序。

2. 一个有向环是最简单的强连通图。

【常用算法】

Kosaraju 算法（即 Two-Phase DFS），算法流程如算法 5-4 所示。

> **输入**：有向图G
> **输出**：图G的强连通分量
> **具体流程**：
> （1）任意对图进行一次DFS，得到每个节点遍历结束时的时间$end[i]$。
> （2）按照$end[i]$从小到大的顺序给节点排序。
> （3）按照（2）中的节点顺序，再次对图进行DFS，每次新得到的一个DFS树，就对应一个强连通块。

算法 5-4　Kosaraju 算法

图 5-26 是一个例子，左边的图是原图，中间的图为第一次DFS后求出的$end[]$值，右边是执行完第3步之后的强连通分量标号。可以发现点1、2、4是在同一个强连通分量之中的，而点4、5、6则分别在各自单点所组成的强连通分量里。

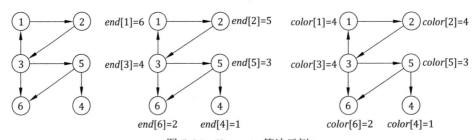

图 5-26　Kosaraju 算法示例

【用途】

1. 有向图的缩点。将同一个强连通分量中的点缩成同一个新节点，对于两个新节点 a、b，它们之间有边相连当且仅当存在两个点u属于a，v属于b，且$<u,v>\in E$。例如，有如图 5-27 所示的缩点。

2. 解决 2-SAT 问题。

【扩展】

求强连通分量可以同时求出强连通分量的拓扑序。容易发现，Kosaraju 算法结束之后，每个强连通分量的编号（前图中的 *color* 值）从大到小恰好是一个缩完点之后的拓扑序。

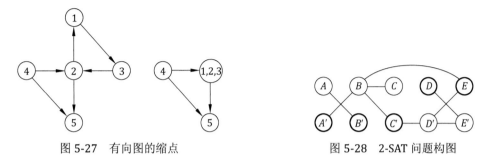

图 5-27 有向图的缩点 图 5-28 2-SAT 问题构图

5.1.4.4 应用：2-SAT

【问题描述】

设 V 为一个由 $2N$ 个成对的点组成的点集，记做 $V = \{p_1, p_1', p_2, p_2', \cdots, p_n, p_n'\}$。对于每个成对的点 p_i 和 p_i'，能且只能选择其中的一个。此外还存在一些形如 (a, b) 的限制条件，其中 $a, b \in V$，表示 a 和 b 不能同时被选择。2-SAT 问题就是要判断是否存在一个合法的选择方案，并求出对应的选择方案。

如图 5-28 所示，图中的每条边分别代表一个限制条件。该图中存在合法的选择方案，粗边组成的点为其中一个合法的选择方案，被选择的点之间没有边相连。

【算法】

考虑每个限制条件 (a, b)，设与 a, b 成对的点分别为 a', b'。则如果 a 被选择，b 必然不能被选择，所以 b' 必然被选择；同理如果 b 被选择，则 a' 必然被选择。算法的流程如下：

（1）在原图的基础上生成新图，新图的点集和原图一致，对于原图中的每条边，设其对应的限制条件为 (a, b)，在新图中分别添加两条有向边：边 (a, b') 和 (b, a')；

（2）求出新图中所有的强连通分量，如果存在点 p 和 p' 在同一个强连通分量中，则不存在合法的选择方案，算法结束，否则一定存在一个合法的选择方案；

（3）将图中的每个强连通分量缩成一个点，将新图变成一个有向无环图 DAG；

（4）求 DAG 图的拓扑排序，按照拓扑排序的逆序考虑每个点 p，将 p 所在的强连通分量中的所有点置为被选择，将 p' 所在的强连通分量中的所有点置为不被选择，即可得到一个合法的选择方案。

以之前的图为例，在其基础上生成的有向图如图 5-29 所示。

将图中的强连通分量缩成一个点，得到新图如图 5-30 所示。

图 5-30 中的一个拓扑序列为：$AB, D'E', C', C, DE, A'B'$，按照拓扑排序的逆序，将 $A'B'$ 置为被选择，将 AB 置为不被选择，将 DE 置为被选择，将 $D'E'$ 置为不被选择，将 C 置为被选择，

将 C' 置为不被选择，即得到之前提到的合法方案。

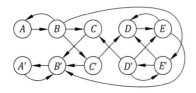

图 5-29　生成的有向图

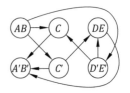

图 5-30　通过强连通分量缩点

【扩展】

2-SAT 问题有如下两类扩展问题：

（1）将成对的点 (p, p') 扩展为 $(p, p', p'', p^{(3)}, \cdots, p^{(t)})$ 的形式，这些点中能且只能选择一个点；

（2）将限制条件 (a, b) 扩展为 $(a_1, a_2, \cdots, a_u)$ 的形式，表示 $a_1, a_2, \cdots, a_u$ 不能同时被选择。

上述两类扩展问题均为 NPC 问题。

5.1.5　哈密顿路与欧拉路

5.1.5.1　哈密顿路

【基本概念】

哈密顿路或可遍历路是一条图上的路径，经过每个顶点恰好一次。含有哈密顿路的图称为可遍历图。哈密顿连通是指图中任意两个顶点之间都存在哈密顿路。确定一个图是否含有哈密顿路的问题称为哈密顿路问题。

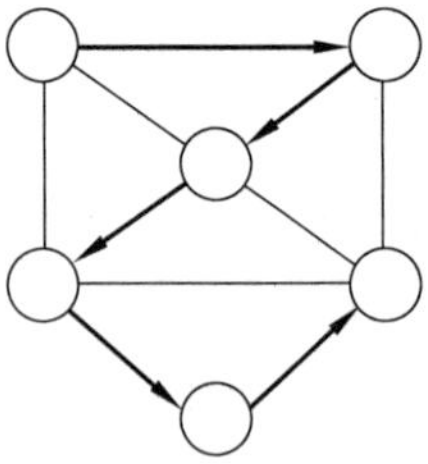

在图 5-31 中，加粗的有向边表示的路径为一个哈密顿路。

哈密顿环是一个图上的环，经过每个顶点一次而且回到起点。含有哈密顿环的图称为哈密顿图。确定一个图是否含有哈密顿环的问题称为哈密顿环问题。

图 5-31　哈密顿路

哈密顿分解是将图分解成哈密顿环。

【性质】

1. 多于两个顶点的完全图是哈密顿图。

2. 任意竞赛图都有奇数条哈密顿路。

3. 多于两个顶点的竞赛图是哈密顿图当且仅当它是强连通的。

4. 每个哈密顿环删除一条边就形成哈密顿路，但是哈密顿路可扩展成哈密顿路当且仅当两个端点相邻。

5. n 个点的完全图有 $\dfrac{(n-1)!}{2}$ 条哈密顿环。

6. n 个点的有向完全图有 $(n-1)!$ 条哈密顿环。

7. n 个点的简单图是哈密顿图的充分条件是任意不相邻的顶点的度数和大于等于 n。

【算法】

哈密顿路问题和哈密顿环问题都是 NP-complete。

5.1.5.2 欧拉路

【基本概念】

欧拉路径是图上的一条路径，满足经过每一条边正好一次，若一个图存在欧拉路径，则称可遍历的或半欧拉的。

欧拉回路是一个图上的一个环，经过每一条边正好一次并且回到起点，拥有这样的环的图称做欧拉图，欧拉图不一定只有一个欧拉回路。

欧拉路既可以在有向图上，也可以在无向图上，对于有向图，对每条边经过的方向进行了限定，无向图中则没有方向的限定。

如图 5-32 的无向图中，*C-A-B-C-D-E-C* 组成一条欧拉回路。

如图 5-33 的有向图中，*B-C-D-E-F-A-B-D-F-B-E-C-F* 组成一条欧拉路径。

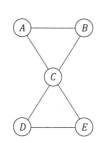

图 5-32　无向图的欧拉回路

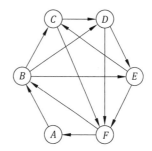

图 5-33　有向图的欧拉路径

【性质】

1. 在有向图中，如果图是弱连通的并且所有顶点的入度等于出度，那么该图存在欧拉回路。这个条件是充要的。

2. 在有向图中，如果图是弱连通的，并且图中除开两个顶点，其他所有顶点的入度等于出度，并且这两个点中，一个点入度比出度多 1，另一个出度比入度少 1，那么该图存在欧拉路径。这个条件是充要的。

3. 无向图存在欧拉回路当且仅当它是连通的并且所有顶点的度为偶数。

4. 无向图存在欧拉路径当且仅当它是连通的，并且除了恰好两个顶点外，其余所有顶点的度为偶数。

5. 无向图是欧拉图当且仅当它是连通的并且可以被分解为若干个边不相交的环。

【算法】

下面介绍一个基于深度优先搜索的寻找欧拉路径（回路）的算法。

首先，选择一个合适的开始节点。对于无向图，为一个度数为奇数的节点（如果所有点的度数都为偶数则为任意一点）；对于有向图，为一个出度比入度多 1 的节点（如果所有点入度和出度相同则为任意一点）。

从之前选择的点出发，深度优先遍历图中所有的边。对于当前递归到的节点，枚举每一条与当前节点相连的边（有向图中为从该点出发的边），将该边从图中删除，然后递归到与该边相连的另一个点。如果与当前点相连的所有边都已被遍历，则将该点加入一个队列中，并回溯至递归搜索中的上一个点。

递归过程结束后，将队列中的点反向输出，则为图中的一个欧拉路径（回路）。

以之前提到的无向图为例，选择 A 点作为开始点，进行深度优先遍历，如图 5-34（a）所示。

沿 A-B-C-A 的路径进行搜索，再次到达 A 点时，A 点出发的所有边都已被遍历，将 A 加入队列中，此时队列中为 A，如图 5-34（b）所示。

回溯至 C 点，如图 5-34（c）所示。

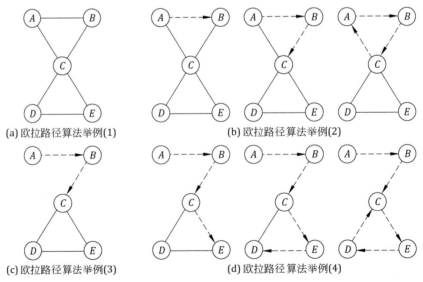

(a) 欧拉路径算法举例(1)　　　　(b) 欧拉路径算法举例(2)

(c) 欧拉路径算法举例(3)　　　　(d) 欧拉路径算法举例(4)

图 5-34　欧拉路算法举例

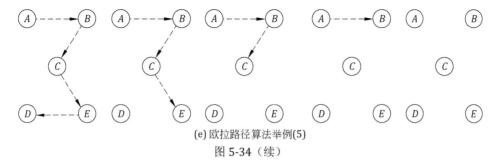

(e) 欧拉路径算法举例(5)

图 5-34（续）

沿 *C-E-D-C* 的路径进行搜索，再次到达 *C* 点时，没有可以遍历的边，将 *C* 加入队列中，此时队列中为 *A*, *C*，如图 5-34（d）所示。

此时图中所有的边都已被遍历，沿搜索的顺序一路回溯，依次将 *D*, *E*, *C*, *B*, *A* 点加入队列，最终队列为 *A*, *C*, *D*, *E*, *C*, *B*, *A*。其反向输出 *A-B-C-E-D-C-A* 为原图中的一条欧拉回路，如图 5-34（e）所示。

【用途】

图的一笔画问题。

【扩展】

混合图的欧拉路径。

5.1.6　最短路

5.1.6.1　Bellman-ford 算法

【基本概念】

Bellman-ford 算法是用来计算图中的单源最短路。该算法可以处理边权为负的情况，同时可以判断图中是否含有负权环（权值和为负的环）。

设 $dist[v]$ 为从源点 s 到 v 的最短路径长度。对于与 v 相连的任意顶点 u，$dist[v]$ 满足三角形不等式，即 $dist[v] \leqslant dist[u] + w(u,v)$，其中 $w(u,v)$ 表示边 (u,v) 的权值。

设 $d[v]$ 为从源点 s 到 v 的最短路权值的上界，称为最短路径估计。

松弛一条边 (u,v) 即判断能否通过 u 对 v 的最短路径进行改进，如果可以，则更新 $d[v]$。可以用如下伪代码表述：

$$松弛(u,v,w):\ d[v] > d[u] + w(u,v) \Rightarrow d[v] \leftarrow d[u] + w(u,v)$$

显然，每次松弛成功可以减少 $d[v]$ 的大小。

【性质】

1. 如果完成$|V| - 1$轮松弛操作后还能进行松弛操作，那么图中有负权环

2. 如果图中不含有负权环，则每条边进行$|V| - 1$次松弛操作后，$d[v]$等于$dist[v]$

【算法】

算法 5-5 是 Bellman-ford 算法的流程。

输入：图G和起点s
输出：s到每一个点的最短路径，以及图中是否存在负权环
具体流程：
（1）初始化d数组，$d_s = 0, d_i = \infty (\forall i \neq s)$
（2）枚举每一条边，进行松弛操作
（3）将操作（2）重复执行$|V| - 1$次
（4）枚举每一条边，看是否还能进行松弛操作，若能，则说明原图存在负权环

算法 5-5　Bellman-ford 算法

该算法的时间复杂度为$O(|V||E|)$。

图 5-35 展示了有三个节点三条边的 Bellman-ford 迭代过程。括号内的数值表示该点的d值。

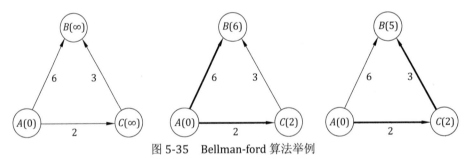

图 5-35　Bellman-ford 算法举例

初始时，B,C 点的d值均为正无穷。只有起点A的d值为 0。

假设边松弛的顺序是AB、CB、AC。

第一次迭代时，AB 松弛后更新B点的d值为 6，CB 未松弛，AC 松弛后更新C点的d值为 2。

第二次迭代时，AB，AC 不松弛，由于C节点的d值之前更新了，所以CB 松弛，松弛后更新节点B的d值为 5。

经过$|V| - 1 = 2$次迭代后，得到了从起点A到每个节点的最短路值。

【用途】

1. 带负权的最短路。

2. 求解差分约束系统的一组可行解。

5.1.6.2　Dijkstra 算法

【基本概念】

Dijkstra 算法是用来解决只含有非负边权的图的单源最短路问题。给定一个起始点(设为 s)，算法计算出该起始点到其他所有顶点的最短距离。此外算法结束时会生成一棵最短路径树。

【算法】

下面是 Dijkstra 算法的流程如算法 5-6 所示。

输入：图 G 和起点 s
输出：s 到每一个点的最短路径
具体流程：
（1）初始化距离数组
（2）设置所有点为未访问过
（3）找出所有未访问过的点中距离值最小的点，标记其为访问过
（4）对操作（3）中所找到的点的相邻边进行松弛
（5）重复操作（3）和（4）直到所有点都访问过

算法 5-6　Dijkstra 算法

时间复杂度分析

因为操作更新 $|V|$ 次，每次操作需要找最小值，扫描与一个点连接的所有边，所以如果在寻找和维护距离值最小的点时使用堆，复杂度为 $O((|E| + |V|) \log|V|)$，如果使用简单的扫描的方法，复杂度为 $O(|V|^2 + |E|)$。

图 5-36 是一个例子，圈内的数字是顶点的标号，括号内的为当前它到起始点距离，边上的数字表示边的权值。A 是起点。初始时起点的距离值为 0，而其他点都为无穷大，如图 5-36（a）所示。

距离值最小的为顶点 A，标记其为访问过，更新顶点 B、C 的距离值，如图 5-36（b）所示。

距离值最小的为顶点 C，标记其为访问过，更新顶点 B、D、E 的距离值，如图 5-36（c）所示。

距离值最小的为顶点 E，标记其为访问过，更新顶点 D 的距离值，如图 5-36（d）所示。

距离值最小的为顶点 B，标记其为访问过，更新顶点 D 的距离值，如图 5-36（e）所示。

距离值最小的为顶点 D，标记其为访问过，至此算法结束，如图 5-36（f）所示。

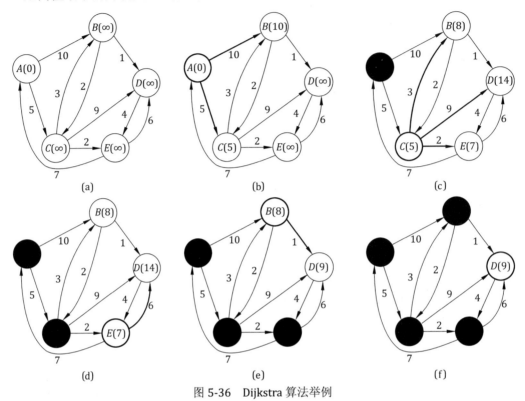

图 5-36　Dijkstra 算法举例

【用途】

1. 非负权图的最短路问题。

2. 构造最短路径树。

5.1.6.3　Floyd 算法

【基本概念】

Floyd（弗洛伊德）算法是用来求解带权图（不论正负）中的多源最短路问题。算法的原理是动态规划。

【算法】

用 $dist(i, j, k)$ 表示从顶点 i 到顶点 j 只经过前 k 个顶点的最短路的长度。那么只有如下两种情况：

1. i, j 之间的最短路不经过 $k + 1$，$dist(i, j, k + 1) \leftarrow dist(i, j, k)$。

2. i, j 之间的最短路经过 $k + 1$，$dist(i, j, k + 1) \Leftarrow dist(i, k + 1, k) + dist(k + 1, j, k)$。

所以 $dist(i, j, k + 1) \leftarrow \min\{ dist(i, j, k), dist(i, k + 1, k) + dist(k + 1, j, k)\}$。

在算法的实现时候可以省略掉 k 那一维，只需要使用一个二维数组即可。

伪代码如算法 5-7 所示。

输入：图 G
输出：任意两点间的最短路径 $d_{i,j}$
具体流程：
（1）初始化，$d_{i,j} \leftarrow w_{i,j}$
（2）枚举每一个中间点 k
　（2.1）枚举两个点 i, j
　　（2.1.1）更新 $d_{i,j} \leftarrow \min(d_{i,j}, d_{i,k} + d_{k,j})$

算法 5-7　Floyd 算法

【用途】

1. 判断是否有负权环。

2. 求图的最小环的长度。

5.2 　树

5.2.1 　基本概念与遍历

5.2.1.1 　树的基本定义与术语

【基本概念】

树是一个无向简单图 G 包含以下几个等价的条件：

1. G 是连通的且不含有环。

2. G 是连通的并且删除 G 中任意一条边将导致 G 不连通。

3. 任意两个 G 中的点被唯一的一条路径连接。

4. G 是连通的并且有正好 $|V| - 1$ 条边。

森林是一个无向图，可能是不连通的，其中不存在环，也可以看成是多棵互不相连的树的集合。

有根树

树中某个点被定义为根，这样树中的边有一个自然的定向，指向根或者远离根的方向，在有根树中，可以根据到根的距离分层，一棵有根树的层数称做该树的深度，一条边的两个端点中，距离根近的端点称为另一个点的父亲节点，距离根远的称为另一个点的子节点，叶子是没有子节点的点。

祖先

一个点的父亲节点及其父亲节点的祖先统称为该节点的祖先。

子孙

一个节点的所有子节点及子节点的子孙统称为该节点的子孙。

子树

以某个节点为根，包括了这个节点及其所有子孙的树。

标号树

标号树是每个点有一个独一无二的编号，一棵拥有n个点的树一般标号为 1 至 n。

直径

树的直径是指树中两点间最短距离的最大值。

中心

不断将树中度为 1 的点删除，重复操作直到最后会剩下一个或者两个点，称为树的中心。

n-元树

n-元树，对于一棵有根树，树中的所有非叶子节点的子节点个数都不超过 n，称该树为 n-元树，2-元树也称为二叉树。

【性质】

1. 树是一个二分图。

2. 每个连通图都能找到生成树。

3. 树中任意三个点两两间的路径必有一个交点。

【举例】

图 5-37 是一棵有根标号树，根为 1，直径为 5，中心为 1 和 2。

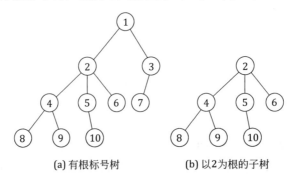

(a) 有根标号树　　　　(b) 以 2 为根的子树

图 5-37　树举例

5.2.1.2 树的遍历

【基本概念】

对于一般的树，可以使用和图一样的遍历方法，比如深度优先遍历和广度优先遍历。对一棵有根树进行深度优先遍历，有三种特定的顺序：

1. 前序遍历

先访问根，再访问所有的子树。

2. 后序遍历

先访问子树，再访问根节点。

3. 中序遍历

仅针对二叉树来说，先访问左子树，然后是根节点，最后是右子树。

【性质】

1. 由中序遍历和任意其他遍历可以还原一棵二叉树。

2. 排序二叉树的中序遍历是一个有序的序列。

【举例】

前序遍历为 1，2，4，5，3，6，中序遍历为 4，2，5，1，3，6，后序遍历为 4，5，2，6，3，1，如图 5-38 所示。

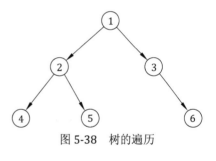

图 5-38 树的遍历

5.2.2 生成树

5.2.2.1 生成树的基本概念

【基本概念】

一个无向连通图 G 的生成树是 G 的一个子图，这个子图是一棵树且连通所有的顶点。一个无向图 G 的生成森林是 G 的一个子图，这个子图包含每个 G 的连通块的生成树。

一个无向连通带权图的生成树的权值是生成树中所有边的权值之和。一个无向连通带权图 G 的最小生成树是所有 G 的生成树中权值最小的生成树。

一个无向带权图的生成森林的权值是生成森林中所有边的权值之和。一个无向带权图 G 的最小生成森林是所有 G 的生成森林中权值最小的生成森林。

图 5-39 展现的是同一个图的两个不同的生成树。左边的生成树（加粗的边）的权值为 20，右边的权值为 14。可以验证右图中的生成树为最小生成树。

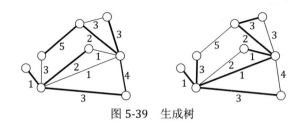

图 5-39　生成树

【性质】

1. 无向连通图 G 中所有的桥都是生成树中的边。

2. 无向图 G 中所有的桥都是生成森林中的边。

3. 生成树是连通原图所有顶点边数最少的子图，也是不包含环的边数最多的子图。

4. 生成森林中边的个数+连通块的个数=总顶点数。

5. 如果图上任意两条边的权值都不相同，则最小生成树唯一。

6. 如果图上边权非负，则最小生成树就是连通所有点的权值最小的子图。

5.2.2.2　Prim 算法

【基本概念】

Prim 算法是用于生成无向带权连通图的最小生成树的一种算法，并且可以解决边权为负值的情况。Prim 算法从任一顶点 x 开始，初始化 $V' = \{x\}$，每次贪心地选取跨越 V 与 $V - V'$ 的最小边，扩大现有的子树 V'，直到其遍及图中的所有顶点。

【算法】

Prim 算法与求单源最短路的 Dijkstra 类似，最大的不同之处在于 Dijkstra 的距离数组记录的是，所有顶点到源点 s 的距离，而 Prim 算法记录的是顶点到当前生成树的距离，以便每次选择一个离 V' 最近的顶点加入 V' 中，同理松弛操作为 $if\ (dist[v] > w(u,v))\ dist[v] = w(u,v)$。

对于图 $G(V,E)$，算法 5-8 描述了 Prim 算法的流程。

输入：图 G
输出：图 G 的最小生成树
具体流程：
（1）标记所有点为未访问，初始化距离数组
（2）选定任一顶点作为起点，标记其已访问，$dist = 0$
（3）找出所有未访问过的点中距离值最小的点 u，标记 u 已访问，将最后一次松弛的边加入生成树
（4）用点 u 的相邻边进行松弛，被松弛的点 v 记录下 (u,v) 这条边
（5）重复操作（3）和（4）直到所有点都访问过

算法 5-8　Prim 算法

时间复杂度分析

Prim 算法循环 $|V|-1$ 次，每次需要寻找 $dist$ 数组中的最小值，扫描与一个点连接的所有边。如果使用扫描一边的方法寻找最小值，复杂度为 $O(|V|^2+|E|)$，如果用堆来实现 $dist$ 数组，复杂度为 $O(|E|\log|V|)$。

图 5-40 是一个例子，第一个图是原图。圈内的数字是顶点的标号，括号内为它到当前生成树的距离。v_1 为选定的起点，当前生成树用粗线画出，虚线为考虑范围内的边。

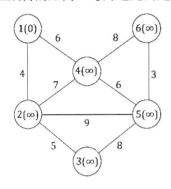

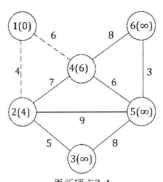

更新顶点2, 4

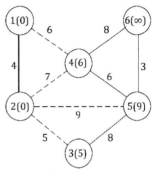

选出最近的顶点2, 更新顶点3, 5

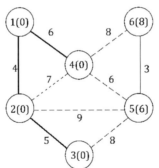

选出最近的顶点3, 更新顶点5

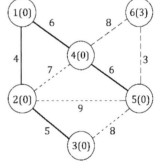

选出最近的顶点4, 更新顶点5,6

选出最近的顶点5, 更新顶点6

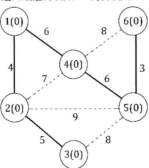

选出最近的顶点6, 算法终止

图 5-40　Prim 算法举例

【用途】

生成无向带权连通图的最小生成树。

5.2.2.3　Kruskal 算法

【基本概念】

Kruskal 算法是用于生成无向带权连通图的最小生成树的一种算法。

Kruskal 算法将图中的每个顶点视为一个独立的集合，首先将图中的所有边按权值从小到大排序，接着按顺序选择每条边，如果这条边的两个端点不属于同一个集合，那么将它们所在的集合合并，同时将这条边加入边集 E'。直到所有的顶点都属于同一个集合时，E' 就是一棵最小生成树。

【算法】

对于图 $G(V, E)$，算法 5-9 是 Kruskal 算法的流程。

输入：图 G
输出：图 G 的最小生成树
具体流程：
（1）将图 G 看做一个森林，每个顶点为一棵独立的树
（2）将所有边加入集合 S，即一开始 $S = E$
（3）从 S 中拿出一条最短的边 (u, v)，如果 u 和 v 不在同一棵树内，连接 u, v 合并两棵树，同时将 (u, v) 加入生成树的边集 E'
（4）重复（3）直至所有点属于同一棵树，边集 E' 就是一棵最小生成树

算法 5-9　Kruskal 算法

时间复杂度分析

Kruskal 算法每次要从剩余的边当中取出一条最小的，通常会先对所有边按权值从小到大排序，这一步的复杂度为 $O(|E|\log|E|)$。

Kruskal 算法的实现通常使用并查集，来快速地判断出两个顶点是否属于同一个集合。最坏情况下算法可能要枚举完所有的边，此时需要循环 $|E|$ 次，这一步的复杂度为 $O(|E|\alpha(V))$，其中 α 为反 Ackermann 函数，增长非常慢，可视为常数。所以合并起来，Kruskal 算法的时间复杂度为 $O(|E|\log|E|)$。

图 5-41 是一个例子，第一个图是原图。圈内的数字是顶点的标号，已被加入生成树的边用粗线画出，失效的边（两个端点已经属于同一集合的边）用虚线标出。

【用途】

生成无向带权连通图的最小生成树。

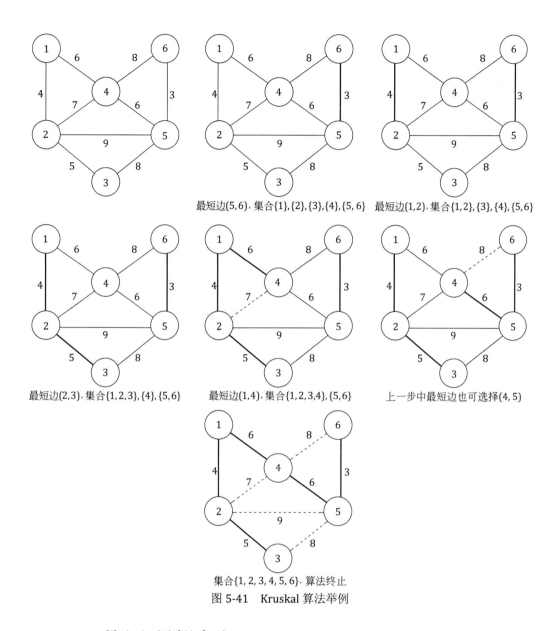

最短边(5,6), 集合{1},{2},{3},{4},{5,6}　最短边(1,2), 集合{1,2},{3},{4},{5,6}

最短边(2,3), 集合{1,2,3},{4},{5,6}　最短边(1,4), 集合{1,2,3,4},{5,6}　上一步中最短边也可选择(4,5)

集合{1, 2, 3, 4, 5, 6}, 算法终止

图 5-41　Kruskal 算法举例

5.2.2.4　最小生成树的变种

【基本概念】

将一个图 G 的所有生成树按权值从小到大排序, 第 K 小的生成树称为 K 小生成树。其中第二小生成树称为次小生成树。

　　图 G 的生成树 T 删除一条边并增加一条边的操作称为交换。如图 5-42 为一个 8 个点 8 条边的带权无向图，其中实线表示当前树边，虚线表示非当前树边，从左到右或从右到左，都可以通过一次交换来完成。当从左到右的交换进行时，用边(3,7)替换掉边(2,5)，代价是 -1；反过来从右到左，替换代价是 1。

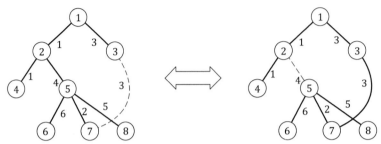

图 5-42　生成树的交换

　　如果图 G 的两棵生成树可以通过一次交换得到，则这两棵生成树互为邻树。如果生成树 T 不是生成树集合 S 中的树，但 T 和 S 中某棵树为邻树，则称 T 为 S 的邻树。

　　如果一个图 G 的生成树在某些节点有度的上限，称为度限制生成树。度限制生成树中权值最小的生成树，称为最小度限制生成树。

【性质】

　　1. K 小生成树并不唯一。

　　2. 设 $T_1, T_2, \cdots, T_K$ 是图 G 的前 K 小生成树，则生成树集合 $\{T_1, T_2, \cdots, T_K\}$ 的邻树中权值最小的树可作为 $K+1$ 小生成树。

　　3. 次小生成树一定是最小生成树的邻树。

【算法】

　　1. 次小生成树

　　由性质 2，容易得出一个 $O(VE)$ 的算法来求得次小生成树（其中 V, E 分别是点数和边数），如算法 5-10 所示。

输入：图 $G(V, E)$
输出：图 G 的次小生成树
具体流程：
（1）求出任意一棵最小生成树 T
（2）枚举不在 T 中的一条边 $e(a, b)$，尝试用 e 替换树中 a, b 两点间路径上的最大边
（3）求出最小替换代价即得次小生成树的权值

算法 5-10　次小生成树

进一步，第二步中的求树上两点之间路径上的最大值问题，可以用数据结构优化到$O(\log V)$，故可以得到一个$O(E \log V)$的算法。

2. 度限制最小生成树

对于只有一个定点V_0有度限制条件（$\leqslant k$）的度限制最小生成树，如算法 5-11 所示。

输入：图$G(V, E)$
输出：图G的次小生成树
具体流程：
（1）找$\{V_1, \cdots, V_n\}$（除去V_0）中所有的连通块，求出每个连通块的最小生成树$\{T_1, \cdots, T_s\}$。
（2）对于每个块，设块中与V_0相连的最小边为e_i。令$H_s = \{e_1, \cdots, e_s\} \cup \{T_1, \cdots, T_s\}$，不难发现$H_s$是$G$的一个生成树，设$Cost(H)$为树$H$中的边权之和，设$Best$为$H_s$。
（3）对于$i \leftarrow s + 1$到k的每一个i
    （3.1）在H_{i-1}上选择"差额最小添删操作"，即H_{i-1}在添加一条边并删除一条边得到H_i，使得$Cost(H_i)$最小。
    （3.2）如果$Cost(H_i) < Cost(Best)$，$Best \leftarrow H_i$；
    （3.3）否则，转到（4），算法结束。
（4）输出$Best$。

算法 5-11   度限制生成树

5.2.2.5 生成树计数

【基本概念】

拉普拉斯矩阵，有时候也称做基尔霍夫矩阵，是一个图的表示方法，联合基尔霍夫定理可以用来计算给定的图的生成树个数。

给定一个含有n个点的简单图G，拉普拉斯矩阵

$$L = (l_{i,j})_{n \times n}$$

定义为

$$l_{i,j} = \begin{cases} deg(v_i) & \text{当 } i = j \\ -1 & \text{当 } i \neq j \text{ 并且 } i, j \text{相邻} \\ 0 & \text{其他情况} \end{cases}$$

即，为图G的度数矩阵与邻接矩阵的差。

基尔霍夫定理

对于给定的含有n个点的标号图G，令$\lambda_1, \lambda_2, \cdots, \lambda_{n-1}$为$L$的非零特征值，则生成树的个数为

$$t(G) = \frac{1}{n} \lambda_1 \lambda_2 \cdots \lambda_{n-1}$$

【性质】

对于一个图G，其拉普拉斯矩阵的特征值$\lambda_0 \leqslant \lambda_1 \leqslant \cdots \leqslant \lambda_{n-1}$，有

1. L 半正定，即 $\forall i$, $\lambda_i \geqslant 0$，其中 $\lambda_0 = 0$。
2. 特征值中0的个数等于连通块的个数。

【举例】

图 5-43 的拉普拉斯矩阵为如下所示：

$$\begin{pmatrix} 2 & -1 & -1 & 0 & 0 & 0 \\ -1 & 3 & -1 & 0 & -1 & 0 \\ -1 & -1 & 3 & -1 & 0 & 0 \\ 0 & 0 & -1 & 2 & -1 & 0 \\ 0 & -1 & 0 & -1 & 3 & -1 \\ 0 & 0 & 0 & 0 & -1 & 1 \end{pmatrix}$$

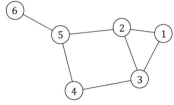

图 5-43　生成树计数举例

【算法】

因为矩阵的行列式等于特征值的乘积，所以 $t(G)$ 也等于拉普拉斯矩阵任意 $n-1$ 阶主子式的行列式值，所以算法为：

1. 根据原图，计算拉普拉斯矩阵。
2. 去掉第 r 行，第 r 列（r 可以取 $1\cdots n$ 中的任意数）。
3. 计算矩阵的行列式。

【扩展】

完全图的生成树个数为 n^{n-2}，使用 Prüfer 编码可将一棵生成树与一个长度为 $n-2$ 的数字串一一对应。

5.3　二　分　图

5.3.1　最大匹配

【基本概念】

一个顶点如果与匹配中的一条边相关联，那么称这个顶点为饱和顶点。

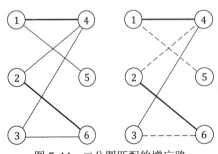

图 5-44　二分图匹配的增广路

设 M 是图 G 的一个匹配。G 的一条 M 交错路是指其边在 M 和 $E(G)\backslash M$ 中交替出现的路。如果 G 的一条 M 交错路的起点和终点均为非饱和的顶点，则称其为一条 M 增广路。

如图 5-44 所示，其中左图为原图，加粗的边为匹配边，其他的边为未匹配的边。右图为一个增广路的示例，从 3 开始沿着虚线和匹配边可以找到一条到 5 的增广路。

【性质】

1. Berge 定理：图 G 的一个匹配 M 是最大匹配的充分必要条件是图 G 中不存在 M 增广路。

2. Hall 定理：设 G 是具有二划分(X,Y)的二分图，则 G 有饱和的 X 匹配当且仅当对 $\forall S \subseteq X$，$|N(S)| \geqslant |S|$，其中$N(S)$表示与 S 相邻的点集。

3. |最小顶点覆盖| ＝ |最大匹配|。

4. |最大独立集| ＝ $|V|$ － |最大匹配|。

5. |最小边覆盖| ＝ $|V|$ － |最大匹配|。

【算法】

1. 匈牙利算法是由匈牙利数学家 Edmonds 基于 Berge 定理和 Hall 定理进行改进得到的。其核心思想是对每一个非饱和的顶点都试图寻找增广路，试图使得该顶点饱和，如算法 5-12 所示。

算法：匈牙利算法
输入：二分图$G(A,B)$
输出：二分图的最大匹配
具体流程：
过程：$Find(u)$，寻找从 u 开始的增广路
返回：是否成功找到从 u 开始的增广路
（1）对于 u 的每一个相邻的，且没有被标记过的节点 v
　（1.1）标记 v
　（1.2）如果 v 是非饱和或者 $Find(v$ 的当前匹配顶点)
　　（1.2.1）将 v 的匹配顶点修改成 u
　　（1.2.2）返回 TRUE
（2）返回 FALSE
主过程：
（1）将所有节点初始化为非饱和
（2）匹配数＝ 0
（3）对于图中的每一个节点 u
　（3.1）清空所有标记
　（3.2）如果 $Find(u)$，匹配数 += 1
（4）返回匹配数

算法 5-12　匈牙利算法

该算法的时间复杂度为$O(VE)$。

2. 美国计算机科学家 John Hopcroft 和 Richard Karp 对匈牙利算法进行了改进，每次不止增广一个非饱和顶点。通过 BFS 的形式来实现。可以证明，其时间复杂度仅为$O(\sqrt{V}E)$。

【用途】

1. 求解二分图最大匹配、最大独立集、最小边覆盖。

2. 二分图也可以用来求解有向无环图G的最小路径覆盖。方法如下：

建立一个新的二分图G'：将原图中的每一个点拆成一个入点A和一个出点A'，原图中的$i \rightarrow j$的边变成$i' \rightarrow j$的边。

在这个二分图中所求得的最大匹配满足等式：$|最小路径覆盖(G)| = |V(G)| - |最大匹配(G')|$。

5.3.2　最大权匹配

【基本概念】

一个最大权匹配是指一个在带权的两侧顶点集大小相等的完全二分图中，匹配边的权值和最大的完备匹配。

图 5-45 是一个最大权完备匹配的例子，加粗的边匹配中的边。

给二分图的所有顶点均设置一个数值，称为顶标。这里假设左侧顶点的顶标集为$\{U_i\}$，右侧顶点的顶标集为$\{V_j\}$。顶标是计算二分图最大权匹配的 Kuhn-Munkres（KM）算法的辅助变量。在算法中，任意一条边两端的顶标和必须不小于边的权值，即$U_i + V_j \geqslant w_{i,j}$，其中$w_{i,j}$表示边的权值。

对于一个含有顶标的二分图，由那些$U_i + V_j = w_{i,j}$的边所组成的G的子图G'被称为二分图G的相等子图。注意，相等子图的点集仍然是原点集。

图 5-46 是一个合法的顶标标记，其中加粗的边是原图的一个相等子图的边集。左边的点标记为所有相连边中的最大边权，右边的标记为 0，这通常也是 KM 算法的第一步。

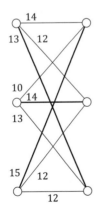

图 5-45　最大权完备匹配举例

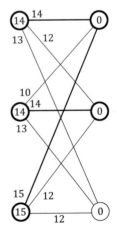

图 5-46　KM 算法的第一步

【性质】

如果含有顶标的二分图 G 的相等子图 G' 存在完备匹配，则该匹配也是原图 G 的一个最大权匹配。

【算法】

KM 算法通过不断地调整 $\{U_i\}$，$\{V_i\}$，直到其相等子图中存在一个完备匹配。

KM 算法中，寻找增广路的过程需要判断一条边是否属于其相等子图，伪代码如算法 5-13 所示。

算法：KM 算法
输入：二分图 $G(A, B)$
输出：二分图的最大权匹配
具体流程：
过程： $Find(u)$，在当前的相等子图中寻找从 u 开始的增广路
返回： 是否成功找到从 u 开始的增广路
（1）标记 u
（2）对于 u 的每一个**在相等子图中**相邻的且没有被标记过的节点 v
　（2.1）标记 v
　（2.2）如果 v 是非饱和或者 $Find(v$ 的当前匹配顶点)
　　（2.2.1）将 v 的匹配顶点修改成 u
　　（2.2.2）将 u 的匹配节点修改成 v
　　（2.2.3）返回 TRUE
（3）返回 FALSE
主过程：
（1）$U_i \rightarrow \max\{w_{i,j} \mid j \in B\}, V_j = 0$
（2）对于图中的每一个节点 u
　（2.1）清空所有标记
　（2.2）如果 $Find(u)$，继续下一个节点
　（2.3）否则，
　　（2.3.1）$\delta = \min\{U_i + V_j - w_{i,j} \mid i \in A, j \in B, i$ 被标记, j 未被标记$\}$
　　（2.3.2）对于所有被标记的 $i \in A$，$U_i += \delta$
　　（2.3.3）对于所有被标记的 $j \in B$，$V_j += \delta$
　　（2.3.4）回到（2.1）
（3）最后根据输出的匹配算出最大的权

算法 5-13　KM 算法

KM 算法的理论时间复杂度为 $O(|V|^4)$，但其实际效果非常好。

【用途】

用于求解一些最优化问题。

【扩展】

1. 对于一般的二分图（非完全二分图、两侧点集中点数不等），可以通过补点和补边，使得原图存在完备匹配，然后再使用 KM 算法来求最大权匹配。

2. 可以通过优化，将 KM 算法的时间复杂度降到 $O(|V|^3)$。

5.3.3　稳定婚姻

【基本概念】

有 n 位女士和 n 位男士。每位女士按照其对每位男士作为配偶的偏爱程度给每位男士排名次，不允许出现并列名次的出现。类似的每位男士也对每位女士有一个这样的排名。使这些男士和女士配成完备婚姻的方式有 $n!$ 种。

如果一个完备婚姻存在两位女士 A、B 和两位男士 a、b，满足下列条件

1. A 和 a 结婚。

2. B 和 b 结婚。

3. A 更偏爱 b 而非 a。

4. b 更偏爱 A 而非 B。

那么这个完备婚姻是不稳定的。反之，称它为稳定的。

求解一个稳定的完备婚姻的问题称为稳定婚姻问题。

【性质】

1. 稳定婚姻问题一定存在解，可以通过延迟认可算法得到一组解。

2. 在延迟认可算法中，通过女士去选择男士得到的解是女士最优的，反之，是男士最优的。

【算法】

这里介绍一种延迟认可算法，如算法 5-14 所示。

输入：男女双方的认可程度
输出：一种可行的稳定婚姻匹配
具体流程：
（1）初始化所有女士为落选的
（2）当存在落选女士时
　（2.1）每一位落选的女士在所有尚未拒绝她的男士中选择一位被她排名最优的男士
　（2.2）每一位男士在所有已经选择他且尚未被他拒绝的女士中，挑选被他排名最优先的女士，对她推迟决定，并在同时拒绝其他女士

算法 5-14　延迟认可算法

【用途】

求解一些最优分配问题。

5.4　网　络　流

5.4.1　基本概念

5.4.1.1　流网络

【概念】

1. 流网络

流网络是指一个有向图 $G(V, E)$，其中每一条边 $(u, v) \in E$ 都有一个非负实权值 $c(u, v)$ 表示这条有向边的容量，同时有 2 个特殊的节点：源 s 和汇 t。

2. 流

对于一个流网络 $G(V, E)$，流 f 是一个函数 $f: V \times V \rightarrow R$，同时对于每一条边 $(u, v) \in E$，满足以下的条件：

（a）容量限制：$f(u, v) \leqslant c(u, v)$

（b）对称性：$f(u, v) = -f(v, u)$

（c）流量守恒：对于除源 s 和汇 t 之外的所有节点 u，$\displaystyle\sum_{w \in V} f(u, w) = 0$。

3. 流 f 的值 $|f|$ 定义为 $\displaystyle\sum_{v \in V} f(s, v)$

4. 最大流问题是给定一个流网络，求出该流网络上的一个流 f，使得 $|f|$ 最大。

【举例】

图 5-47 展示了一个流网络和其上的网络流，每条边上前一个数字表示流量 f，后一个数字表示容量 c，为了清晰起见，只显示了流量为非负数的边。

这个流并不是这个图上的最大流，最大流如图 5-48 所示。

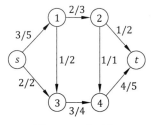

图 5-47　流网络

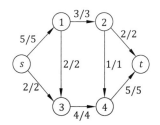

图 5-48　最大流

5.4.1.2　残量网络

【基本概念】

假设有一源为 s 汇为 t 的流网络 $G = (V, E)$，f 是 G 中的一个流，可以定义边 u, v 的剩余容量 $c_f(u, v) = c(u, v) - f(u, v)$，由此可定义残量网络为 $G_f(V, E_f)$。

【性质】

残量网络本身也是一个流网络，其容量由 c_f 给出。

【举例】

图 5-49 说明了一个流网络 G 和流 f，以及其对应的残量网络。

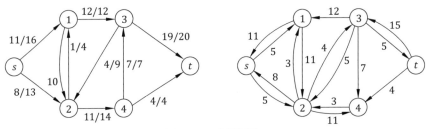

图 5-49　残量网络

5.4.1.3　增广路径

【基本概念】

已知一流网络 $G = (V, E)$ 和流 f，增广路径 p 为残量网络 G_f 中从 s 到 t 的一条简单路径，根据残量网络的定义，在不违反边的容量限制条件下，增广路径上的每条边 (u, v) 可以容纳从 u 到 v 的某额外正网络流。

【性质】

残量网络中不存在增广路径的充要条件是当前流已经是最大流。

【举例】

图 5-50 中较粗的边就是残量网络的例子中的一条增广路径。

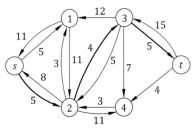

图 5-50　残量网络中的增广路径

5.4.1.4　最大流最小割定理

【概念】

1. 一个流网络 $G(V,E)$ 的割 $C = (S,T)$ 是指 V 的一个分划使得 $T = V - S$ 并且 $s \in S, t \in T$。

2. 对应于一个割 C 的割集是集合 $\{(u,v) \in E \mid u \in S, v \in T\}$。

3. 一个割 C 的容量 $c(S,T) = \sum\limits_{(u,v) \in (S,T)} c_{uv}$。

4. 最小割问题是指对于一个给定的流网络 $G(V,E)$，求出一个割 C，使得相应的容量 $c(S,T)$ 最小。

【性质】

最大流最小割定理

如果 f 是具有源 s 和汇 t 的流网络 $G = (V,E)$ 中的一个流，那么下面的条件是等价的：

1. f 是 G 的一个最大流。

2. 残量网络 G_f 不包含增广路径。

3. 对于 G 的某割 (S,T)，有 $|f| = c(S,T)$。

【算法】

利用 Ford-Fulkerson 或者 Dinic 求出一个网络的最大流，最大流的值就是这个网络的最小割。

有了最大流后，寻找最小割的方法很简单。从源点开始进行搜索，扩展未满流的边，最后能扩展到的点与未扩展到的点之间的边即为最小割的边集。

【举例】

图 5-51 是一个流网络和一个相对应的最大流。

从 s 出发的两条边都满流，能扩展到的点只有 s。所以最小割即为 s 与 1 之间的边和 s 与 2 之间的边（虚线表示的边）。

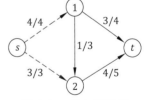

图 5-51　最大流举例

5.4.2　最大流算法

5.4.2.1　Ford-Fulkerson 算法

【基本概念】

Ford-Fulkerson 是求解最大流的基本算法，由 L. R. Ford 和 D. R. Fulkerson 于 1956 年提出。其主要思想是，每次在残量网络中寻找一条从源到汇的路径（称为增广路径），并沿着这条路径增加流量。Jack Edmonds 和 Richard Karp 于 1972 年对该算法做了一些改进，使得每次寻找的增广路最短，该算法称为 Edmonds-Karp 算法，其与 Ford-Fulkerson 算法基本无异。

Edmonds-Karp 算法的复杂度为 $O(|V| \cdot |E|^2)$，在实践中，对于稀疏图可以得到不错的运行效率。

【算法】

设 s 为源，t 为汇，C 为容量矩阵，F 为流量矩阵，f 为最大流量。

Edmonds-Karp 的算法流程如算法 5-15 所示。

算法：Edmonds-Karp 算法
输入：流网络 G
输出：网络的最大流
具体流程：
（1）初始化 F, f
（2）使用 Breadth-First Search 在残量网络中找到一条从 s 到 t 的最短增广路 T，如果最短增广路不存在，算法结束
（3）计算 $m = \min_{(u,v) \in T} C(u,v) - F(u,v)$
（4）f 增加 m
（5）沿着 T 修改流量矩阵，对于任意 $(u,v) \in T$，将 $F(u,v)$ 增加 m，$F(v,u)$ 减少 m
（6）重复步骤（2）

算法 5-15　Edmonds-Karp 算法

以图 5-52 所示的网络为例，边上的标记为容量，初始时流量为 0，残量网络如图 5-52（a）所示。

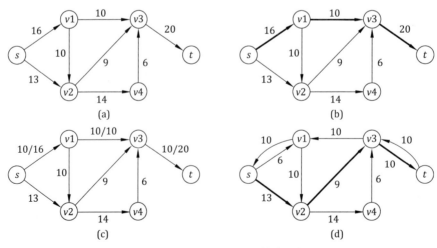

图 5-52　Ford-Fulkerson 算法示例

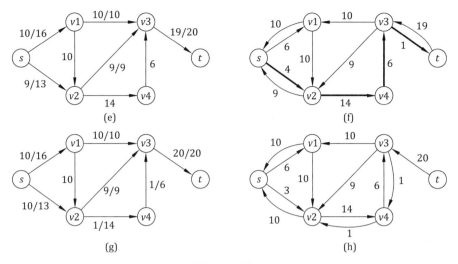

图 5-52（续）

使用 BFS 在残量网络中找到一条从s到t的最短增广路T，用粗线标注，如图 5-52（b）所示。

计算$m = 10$，沿着T修改流量，图变为如图 5-52（c）所示。

残量网络如图 5-52（d）所示，继续在其上寻找最短增广路T。

计算$m = 9$，沿着T修改流量，图变为如图 5-52（e）所示。

残量网络如图 5-52（f）所示，继续在其上寻找最短增广路T。

计算$m = 1$，沿着T修改流量，图变为如图 5-52（g）所示。

残量网络如图 5-52（h）所示，此时不存在最短增广路，算法结束。

5.4.2.2　Dinic 算法

【基本概念】

Dinic 算法是求解最大流问题的高效算法，由 Yefim Dinitz 于 1970 年提出。其基本思想为，每次寻找增广路时，先把节点按照到汇的距离进行分层，然后使用 Depth-First Search 沿着层数严格递减的顺序进行多路增广。

Dinic 算法的复杂度为$O(|V|^2 \cdot |E|)$。在实践中，对于大多数图，都可以得到不错的运行效率。

【算法】

设s为源，t为汇，C为容量矩阵，F为流量矩阵，f为最大流量，Dinic 算法如算法 5-16 所示。

算法：Dinic 算法

输入：流网络 G

输出：网络的最大流

具体流程：

（1）使用 Breadth-First Search 计算出每个点在残量网络中到 t 的最短距离 D，如果 $D[s] = \infty$，则表示不存在从 s 到 t 的增广路径，算法结束

（2）使用 Depth-First Search，从 s 出发，沿着 D 值严格递减的顺序进行多路增广。过程 $\text{DFS}(x, h)$ 返回在点 x 有 h 流量的情况下能到达 t 的流量 v，其具体流程如下：

（2.1）如果 $x = t$，则返回 h

（2.2）初始 $v = 0$

（2.3）对残量网络中没有检查过的边 (x, y)，如果 $D(y) = D(x) - 1$，则调用 $\text{DFS}(y, \min(h, C(x, y) - F(x, y)))$，设结果为 u

（2.4）将 v 增加 u，h 减少 u，$F(x, y)$ 增加 u，$F(y, x)$ 减少 u

（2.5）重复（2.3），直到所有的边都被检查过

（2.6）返回 v

（3）将 f 增加 $\text{DFS}(s, \infty)$

（4）重复（1）

算法 5-16   Dinic 算法

以图 5-53 所示的网络为例，每个点 x 上第一个数字为 $D(x)$，第二个数字为调用 $\text{DFS}(x, h)$ 时的 h，每条边 (x, y) 上第一个数字为 $F(x, y)$，第二个数字为 $C(x, y)$。

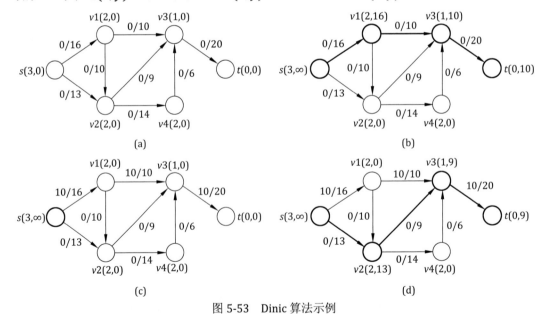

图 5-53   Dinic 算法示例

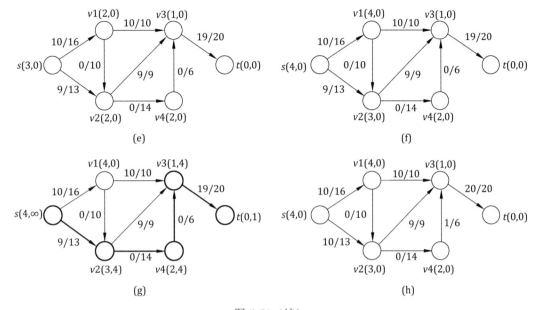

图 5-53（续）

调用DFS(s,∞)，从s出发，有两条边可以选择，分别为$(s,v1)$和$(s,v2)$，先选择$(s,v1)$，通过DFS$(s,\infty)\rightarrow$ DFS$(v1,16)\rightarrow$ DFS$(v3,10)\rightarrow$ DFS$(t,10)$的递归调用过程（注意经历节点的D值依次减少），找到了一条流量为 10 的增广轨，如图 5-53（b）所示。

在回溯的过程中对图做更新操作，如图 5-53（c）所示。

回溯到s时，选择另一条边$(s,v2)$，通过 DFS$(s,\infty)\rightarrow$ DFS$(v2,13)\rightarrow$ DFS$(v3,9)\rightarrow$ DFS$(t,9)$的递归调用过程，找到了一条流量为 9 的增广轨，如图 5-53（d）所示。

在回溯的过程中对图做更新操作，如图 5-53（e）所示。

由于s出发所有的边均被检查，DFS 过程结束，返回流量为 19。

此时残量网络发生了变化，调用 BFS 重新计算D，如图 5-53（f）所示。

重新调用 DFS(s,∞)，通过 DFS$(s,\infty)\rightarrow$ DFS$(v2,4)\rightarrow$ DFS$(v4,4)\rightarrow$ DFS$(v3,4)\rightarrow$ DFS$(t,1)$，找到一条流量为 1 的增广路，如图 5-53（g）所示。

回溯并更新图，DFS 过程结束，返回流量 1，如图 5-53（h）所示。

调用 BFS 重新计算D，发现$D(s)=\infty$，算法结束。

5.4.3 费用流

【基本概念】

在一个有向图构成的流网络$G(V,E)$中，设源点为s，汇点为t，在每一条边$(x,y)\in E$上定义容量$u(x,y)$，费用$c(x,y)$。对于流网络上一个合法的流f，$G(V,E)$上的总流量F定义为：

$$F = \sum_{(s,y) \in E} f(s,y) = \sum_{(x,t) \in E} f(x,t)$$

$G(V,E)$上的总费用C定义为：

$$C = \sum_{(x,y) \in E} c(x,y) \times f(x,y)$$

最小费用最大流问题就是在$G(V,E)$中求解一个流，在F最大的前提下，使C最小。

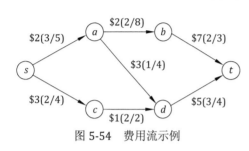

图 5-54　费用流示例

如图 5-54 所示为$G(V,E)$上一个合法的流，每条边上的标识$c\ (f/u)$依次为其费用、流量和容量：

$G(V,E)$上的总流量F为：
$$F = f(s,a) + f(s,c) = f(b,t) + f(d,t) = 5$$
$G(V,E)$上的总费用C为：
$$C = \sum_{(x,y) \in E} c(x,y) \times f(x,y) = 50$$

【算法】

解决费用流的算法于普通最大流算法类似，只是每次增广路的代价要是最小的。

首先定义费用流背景下的残量网络。在$G(V,E)$上定义残量网络$G'(V',E')$，其中$V' = V$。对于E中的每条边(x,y)，如果$u(x,y) > f(x,y)$，则在E'中存在边(x,y)，其距离$d(x,y) = c(x,y)$；如果$f(x,y) > 0$，则在E'中存在边(y,x)，其距离$d(y,x) = -c(x,y)$。

算法的流程为：从一个合法的流出发（初始时可令所有边的流量为0），在其残量网络上，找寻基于费用的从s到t的最短路径L，并在原图中沿L进行增广，直到其残量网络中不存在从s到t的路径为止。

以之前提到的流网络为例，初始时的合法流如图 5-55（a）所示。

其残量网络如图 5-55（b）所示（边(x,y)上的数字表示$d(x,y)$），其上的一条最短路径由粗边标出。

沿该路径进行增广操作，增加流量为 2，之后流变成如图 5-55（c）所示。

其残量网络及其上的最短路径如图 5-55（d）所示。

沿该路径进行增广操作，增加流量为 2，之后流变成如图 5-55（e）所示。

其残量网络及其上的最短路径如图 5-55（f）所示。

沿该路径进行增广操作，增加流量为 3，之后流变成如图 5-55（g）所示。

其残量网络如图 5-55（h）所示。

此时不存在从s到t的最短路径，算法停止，得到最小费用流。

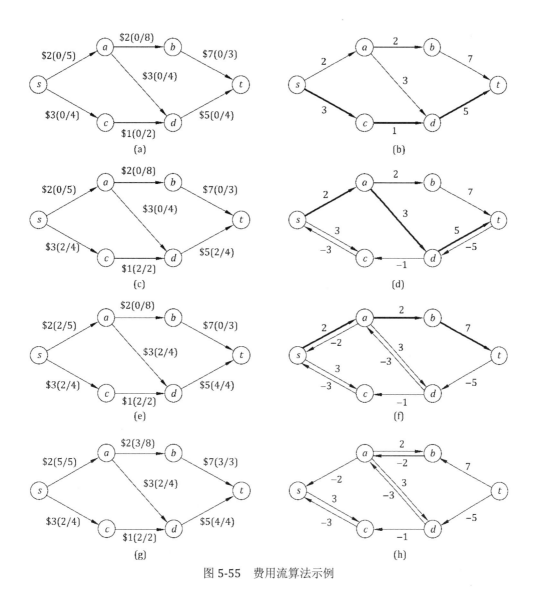

图 5-55　费用流算法示例

5.4.4　流与割模型

5.4.4.1　上下界网络流

【基本概念】

对于一条弧(i,j)，如果它对于流量，既有上限$up[i][j]$，又有下限$low[i][j]$，那么称这样的网络为上下界网络。只有上界的网络可以看做$low[i][j]$为 0 的上下界网络。

图 5-56 中的左图是一个有上下界的、有源汇的网络，图 5-56 中的右图则是一个有上下界的、无源汇的网络。

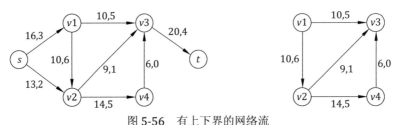

图 5-56　有上下界的网络流

【算法】

1. 给定一个没有源点和汇点上下界网络流，判断是否存在可行的循环流。重新构图如下：

（1）在原网络的基础上新增源点和汇点 s, t，构造出新的只有上界的网络。

（2）对于原网络中的每条弧 (u, v)，在新网络中添加一条 $s \to v$ 的容量为 $low[u][v]$ 的弧，一条 $u \to t$ 的容量为 $low[u][v]$ 的弧，一条 $u \to v$ 的容量为 $up[u][v] - low[u][v]$ 的弧。

图 5-57 就是一个循环流构图的例子。

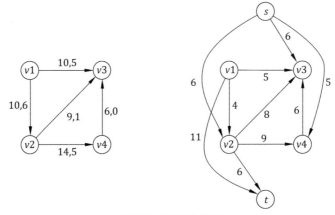

图 5-57　循环流构图

在重新构造的网络中，做 $s \to t$ 的最大流。如果网络满流，则原网络存在可行的循环流。原图中的每一条弧 (u, v) 对应的流量为新网络中 (u, v) 的流量加上 $low[u][v]$。

时间复杂度为求解新网络的最大流的时间复杂度。

2. 给定一个带源点 s 和汇点 t 的上下界网络流，求最大流：

可以通过二分答案来转化成 1 中的问题。假设答案是 Ans，那么就添加一条 $t \to s$ 的容量下限为 Ans 的上限为 $+\infty$ 的弧，用上文中的算法判断是否存在可行的循环流即可，如

图 5-58 所示。时间复杂度为 $O(\log MaxAns \times$ 最大流时间复杂度$)$。

5.4.4.2　混合图欧拉回路

【基本概念】

给定一个既有有向边、又有无向边的图，问是否存在一条欧拉回路。这样的问题称为混合图欧拉回路问题，可以用网络流模型来解决。例如图 5-59 就是一个混合图。

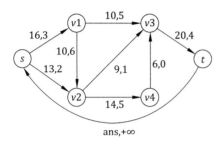

图 5-58　上下界网络流

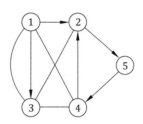

图 5-59　混合图欧拉回路

【性质】

1. 在有向图中，如果图是弱连通的并且所有顶点的入度等于出度，那么该图存在欧拉回路。这个条件是充分必要的。

2. 假如我们可以将有向图中任意多条有向边反向，但如果存在某一个顶点的入度和出度的差值是奇数，该图仍不可能通过反向操作找到欧拉回路。

【算法】

先将混合图中的无向边任意定向，用性质 2 判断是否可能有解。

下面用 $In[u]$ 表示顶点 u 的入度，$Out[u]$ 表示顶点 u 的出度。

建立流网络如算法 5-17 所示。

（1）新增源点和汇点 s, t

（2）如果对于顶点 u，如果 $In[u] > Out[u]$，增加一条 $s \to u$ 的容量为 $(In[u] - Out[u])/2$ 的边；否则增加一条 $u \to t$ 的容量为 $(Out[u] - In[u])/2$ 的边

（3）对于一条 $u \to v$ 定向的无向边且满足两个不等式：$In[u] < Out[u]$, $In[v] > Out[v]$，那么增加一条 $u \to v$ 的容量为 1 的边

算法 5-17　混合图欧拉回路的网络流构图

对这个流网络做最大流，如果可以满流，则存在欧拉回路，如图 5-60 所示。

左图中的黑色加粗边是对原图中无向边的任意定向，右图是其对应的网络。由于 2,5 这两个点的入度和出度相等，所以并没有出现在网络中。由于该网络可以满流，所以原图存在欧拉回路。

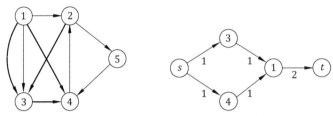

图 5-60   用最大流求混合图的欧拉回路

如果网络可以满流（即原混合图存在欧拉回路），则可以根据流将原图的无向边最终定向以保证定向后的有向图存在欧拉回路。具体来说，如果最初任意定向的边在网络中满流，则将边反向，否则保留原定向即可。

如图 5-61 便是上面网络满流后的样子，以及对应的欧拉回路图。左边网络中标了每条边的流量与容量，加粗的两条边需要将最初的定向反向。右图为最终定向之后得到的有向图，虚线边为被反过向的边。

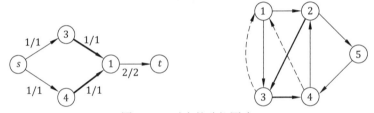

图 5-61   对应的欧拉回路

定向之后，混合图就变成了一个有向图。这时候就可以直接应用有向图的欧拉回路算法了。

5.4.4.3　最大权闭合子图

【基本概念】

定义一个有向图 $G = (V, E)$ 的闭合子图是该有向图点集的一个子集，且该子集中的点的所有出边的另一端点均在这个子集中。

如图 5-62，左边是一个有向图 G，右边两个是它的子图，但是都不是闭合子图，因为第一个子图中，点5的出边 $< 5,1 >$ 所涉及的点1并不在该子图中，而第二个子图中点2的出边 $< 2,5 >$ 所涉及的点5不在该子图中。该有向图有两个闭合子图，即原图本身和 $G = \{\{1,2,5\},\{< 1,2 >,< 2,5 >,< 5,1 >\}\}$。

定义一个闭合子图的权值为它的点集中的顶点的权值和（权值有可能为负数）。权值最大的闭合子图称为最大权闭合子图。

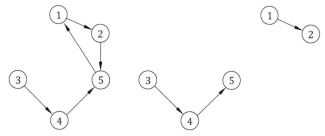

图 5-62　最大权闭合子图

如果上例中的点权为：$w[1..5] = \{5,6,7,-10,1\}$，那么考虑它所有的闭合子图（共两个），它们的权值分别为9和12。因此，最大闭合权子图为$G = \{\{1,2,5\}, \{<1,2>, <2,5>, <5,1>\}\}$，最大的权值是12。

【算法】

用$w[u]$表示顶点u的权值。

构造如下流网络，如算法 5-18 所示。

（1）新增源点和汇点s, t

（2）对于原图中的边 $u{\rightarrow}v$，增加一条 $u{\rightarrow}v$ 的容量为无穷大的边

（3）对于点 u，如果$w[u] > 0$，增加一条 $s{\rightarrow}u$ 的容量为$w[u]$的边；否则增加一条 $u{\rightarrow}t$ 的容量为$-w[u]$的边

算法 5-18　最大权闭合子图的网络流构图

例如，上例中的构图如图 5-63 所示。

最大闭合子图的权值就对应了所有正的点权值的和减去最小割的值。

由最大流-最小割定理可知，最小割在数值上等于最大流。所以只需要对上面的网络做一次最大流即可。容易算出上图的最小割值（即最大流）为7。那么最后的答案为$(5 + 6 + 7 + 1) - 7 = 12$，与之前的计算结果一致。

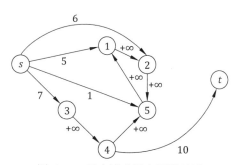

图 5-63　最大流求闭合子图示例

【用途】

在实际应用中，闭合子图的性质恰好对应了事件之间的必要条件：一个事件必须在其需要的所有前提都发生的情况下发生。

第6章

计 算 几 何

6.1 向 量

【基本概念】

向量，也常称为矢量，是一种既有大小又有方向的量。在计算几何中，某个向量从点 A 指向点 B，记做 $\overrightarrow{AB}$。图 6-1 为一个在二维直角坐标系中从原点出发，指向 (x, y) 的向量。

三维直角坐标系中的向量可以沿各坐标轴分解为三个向量，即 $\overrightarrow{AB} = x\vec{i} + y\vec{j} + z\vec{k}$，所以向量 $\overrightarrow{AB}$ 可以用三个实数 (x, y, z) 来表示，同理 n 维向量可以用 n 个实数来表示。

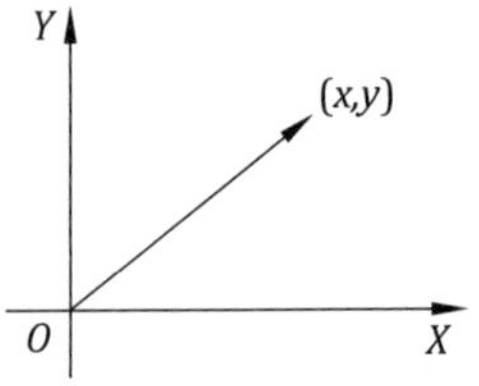

图 6-1 二维向量

【性质】

1. 如果向量 $\vec{a} = (a_1, a_2, a_3)$，$\vec{b} = (b_1, b_2, b_3)$，那么向量 $\vec{a}$ 的长度 $|\vec{a}|$ 等于 $\sqrt{a_1{}^2 + a_2{}^2 + a_3{}^2}$。

2. 向量的基本运算包括加减法，数乘，点积，叉积和混合积等。

3. 加减法定义为 $\vec{a} + \vec{b} = (a_1 + b_1, a_2 + b_2, a_3 + b_3)$，$\vec{a} - \vec{b} = (a_1 - b_1, a_2 - b_2, a_3 - b_3)$。向量的加减满足平行四边形法则和三角形法则，即 $|\vec{a}| - |\vec{b}| \leqslant |\vec{a} + \vec{b}| \leqslant |\vec{a}| + |\vec{b}|$。

4. 数乘是向量和实数之间的运算，如果是一个正实数与向量相乘，向量只发生大小上的变化，方向不变，比如 $3\vec{a} = \vec{a} + \vec{a} + \vec{a}$，乘以负数则会将原向量反向，乘以 0 则变成零向量。

5. 点积，也叫数量积或者内积，得到的结果是一个实数。定义为 $\vec{a} \cdot \vec{b} = a_1 b_1 + a_2 b_2 + a_3 b_3 = |\vec{a}||\vec{b}| \cos \theta$，其中 θ 为两个向量的夹角，如图 6-2 所示。点积满足交换律，但不满足结合律。

6. 叉积，也叫矢量积或者外积。定义为 $\vec{a} \times \vec{b} = (a_2 b_3 - a_3 b_2)\vec{i} + (a_3 b_1 - a_1 b_3)\vec{j} + (a_1 b_2 - a_2 b_1)\vec{k} = |\vec{a}||\vec{b}| \sin \theta \, \vec{n}$，$\vec{a} \times \vec{b}$ 的方向，也就是上式中的 $\vec{n}$，是 $\vec{a}$ 和 $\vec{b}$ 所在平面的法向量（遵循右手螺旋规则），$\vec{a} \times \vec{b}$ 的大小则是 $\vec{a}$ 和 $\vec{b}$ 所构成的平行四边形的面积，如图 6-3 所示。叉积满足 $\vec{a} \times \vec{b} = -\vec{b} \times \vec{a}$。

7. 向量的混合积，也叫三重积，定义为 $\vec{a} \cdot (\vec{b} \times \vec{c}) = \vec{b} \cdot (\vec{c} \times \vec{a}) = \vec{c} \cdot (\vec{b} \times \vec{c})$，得到的结果是一个实数，是由三个向量所确定的平行六面体的体积。

图 6-2　向量的点积　　　　　　　　　　图 6-3　向量的叉积

【用途】

1. 判断点 B 是否在线段 AC 上。首先只要满足 $\overrightarrow{BA} \times \overrightarrow{BC} = 0$，点 B 就在直线 AC 上，其次如果 $\overrightarrow{BA} \cdot \overrightarrow{BC} < 0$，说明 B 在线段 AC 内部。如果允许 B 与端点重合，则只要 $\overrightarrow{BA} \cdot \overrightarrow{BC} \leqslant 0$。

2. 判断点 A 是否在三角形 BCD 内部。只要满足 $\overrightarrow{AB} \times \overrightarrow{AC}$，$\overrightarrow{AC} \times \overrightarrow{AD}$ 和 $\overrightarrow{AD} \times \overrightarrow{AB}$ 同号即可，相当于沿顺时针或者逆时针绕三角形一圈时，点 A 始终出现在同一侧。

6.2　点的有序化

【基本概念】

在处理一些问题的时候，如凸包问题，需要对一个无序点集进行排序，通常情况下要使得排序后的有序点集组成一个简单多边形。有两种方法可以实现上述的预期，分别为极角序和水平序。

极角序

极角序的一般性的做法是选出一个点作为**极点**，从这个极点张开一个极坐标系（0°轴方向与 X 轴正方向一致），其余点在这个极坐标系中的角度值称为该点的**极角**。

将非极点按照极角从小到大排序，遇到极角相同的两个点，如果这两个点的极角不比其他所有点小，则将与极点的距离大的排在前面，否则将与极点的距离小的排在前面。对于排序完的序列，从极点出发连向第一个点，再顺次连向后面的点，最后回到极点，就得到了一个简单多边形。

图 6-4 是将某个点集按照极角序排序后的结果（以 A 为极点）。

水平序

水平序的方法为，将点集中所有的点按照 Y 坐标递增，Y 坐标相同时 X 坐标递增的方法排序，取排序后第一个点为 A，最后一个点为 B，按照顺序取出 $\overrightarrow{AB}$ 右侧的点，再按照反序取出 $\overrightarrow{AB}$ 左侧的点，两个序列连起来得到最终排序的序列。

虽然水平序看起来比极角序要复杂一些，但是由于其只涉及数的比较运算，而不涉及三角函数的运算，所以其精度要比极角序更好。

图 6-5 是将某个点集按照水平序排序后的结果。

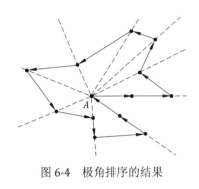

图 6-4　极角排序的结果　　　　　　　　图 6-5　水平排序

6.3　多边形与圆

6.3.1　简单多边形

【基本概念】

在二维平面上，由一系列首尾相接、闭合且互不相交的线段所围成的图形称为简单多边形。一个由n条线段组成的简单多边形可以用按照一定的顺序给出其n个端点的坐标的方法来唯一地确定，记为$(P_1, P_2, \cdots, P_n)$。作为惯例，端点的坐标通常按照右手螺旋的方向给出，即对于任意P_i到P_{i+1}的有向线段（$P_{n+1} = P_1$），多边形的内部位于该线段的左侧。在之后的讨论中，若无特殊说明，端点的坐标均按照右手螺旋方向给出。如果对于任意P_i到P_{i+1}的有向线段，整个多边形都在该线段的左侧，则这个多边形被定义为凸多边形。

图 6-6 所示为一个简单的由 5 条边构成的凸多边形，其中阴影部分为多边形的内部，边上的箭头标明了右手螺旋方向。

多边形的三角形剖分

对于任意一个简单多边形，可以选择一个点O，从点O到多边形的每个端点P_i作辅助线，可以将该多边形分为n个三角形。点O可以在多边形内部，也可以在多边形外部。如图 6-7 所示为将之前的凸多边形进行三角形剖分的结果。

图 6-6　简单多边形　　　　　　　　　图 6-7　多边形的三角形剖分

多边形的面积

将多边形进行三角形剖分，计算每个三角形的面积，加和即可得到多边形的面积。具体来说，三角形OP_iP_{i+1}的面积为：

$$S_i = (\overrightarrow{OP_i} \times \overrightarrow{OP_{i+1}})/2$$

多边形$(P_1, P_2, \cdots, P_n)$的面积为：

$$S = \frac{1}{2}\sum_i \overrightarrow{OP_i} \times \overrightarrow{OP_{i+1}}$$

多边形的重心

将多边形进行三角形剖分，计算每个三角形的重心，再将重心以每个三角形的面积为权重进行加权平均即可得到多边形的重心。具体来说，三角形OP_iP_{i+1}的重心为

$$\overrightarrow{C_i} = (O + P_i + P_{i+1})/3$$

多边形$(P_1, P_2, \cdots, P_n)$的重心为

$$\vec{C} = \sum_i \frac{(\overrightarrow{OP_i} \times \overrightarrow{OP_{i+1}}) \bullet \overrightarrow{C_i}}{S}$$

判断点在多边形内

对于任意一点Q，点Q与多边形的位置关系有如下 3 种情况：

（1）点Q在多边形外部。

（2）点Q在多边形内部。

（3）点Q在多边形边上。

其中，点 Q 在多边形边上的情况可以通过检查点 Q 是否在多边形的每条边上来确定，在之后的讨论中忽略这种情况。

要确定Q是否在多边形内，可以过Q沿 x 轴正方向作一条射线，计算该射线与多边形的边的交点个数。如果交点个数为偶数，则Q在多边形外，否则Q在多边形内。如图 6-8 所示，从 Q_1 出发的射线与多边形的交点个数为 1，从 Q_2 出发的射线与多边形的交点个数为 2，故 Q_1 在多边形的内部，Q_2 在多边形的外部。

为了避免射线与多边形的某条边重合，或者射线和多边形相交于某个顶点，可以将射线沿 y 轴正方向

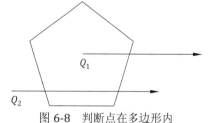

图 6-8 判断点在多边形内

移动一个足够小的距离ε。在实际应用中，ε的选取通常难以确定，一种更加精确的方法是不移动射线，而是将所有在射线上的点严格判定为在射线的下方。

6.3.2 凸包问题

【基本概念】

考虑一个直观的例子，假设地面上有一些木桩，用一条足够长的绳子将所有的木桩围起来，绳子所形成的图形为一个凸多边形。凸包问题就是要求出上述凸多边形的具体形状，其抽象定义为，给定二维平面的若干个点，求一个面积最小的凸多边形，使得所有点均在多边形的内部或在多边形的边上。凸包问题的一种变形时是将原问题中的点集变成简单多边形，两者的区别仅在于一个是无序的点集，另一个是满足一定条件的有序的点集。常用的排序方法包括极角排序和水平排序。

图 6-9 所示为一个无序点集的凸包（左）和一个水平排序产生的简单多边形（右）。

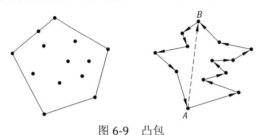

图 6-9 凸包

Graham 算法

Graham 算法可以用来对求解简单多边形的凸包。运用上述点的有序化过程可以将任意无序点集转换成简单多边形，从而将该算法运用于任意无序点集上。

算法的基本思想是，维护一个栈的结构，初始时取一个肯定在凸包上的点加入栈中（可取最左下角的点），之后从初始点的下一个点开始，按照顺序将每个点加入栈顶，如果栈顶的三个顶点不能保持凸性，即 $\overrightarrow{B-A} \times \overrightarrow{C-B} < 0$（其中 A,B,C 为栈顶的三个顶点），则退栈，直到将所有顶点都处理一遍为止。

算法的流程如算法 6-1 所示。

输入：有序点集 S，设初始点是 S_0
输出：点集 S 的凸包 P
具体流程：
（1）令栈 $P \leftarrow \varnothing$
（2）将 S_0 加入 P
（3）对于 S 中的其他点 S_j 顺序检查
  （3.1）当满足 P 中元素大于 1 个且 $\overrightarrow{P_{top} - P_{top-1}} \times \overrightarrow{S_j - P_{top}} < 0$
    （3.1.1）P 栈顶出栈，并再次检查
  （3.2）将 S_j 入栈
（4）最后 P 即为所求的凸包

算法 6-1 Graham 算法求凸包

【滚包裹法】

滚包裹法是一直观简单的求解简单多边形凸包的方法，其思想类似于我们平常生活中用胶带打包物品的方法。

算法的基本思想是：从一个必然在凸包上的点(比如最左端的点)P_0开始，我们要找到P_1使得P_0P_1向量处在所有点的右方，这个过程可以通过比较以P_0为原点的所有点的极坐标角度在$O(n)$的时间复杂度内完成。接下来我们再以P_1代替P_0作为原点，重复之前的步骤。依次得到点$P_2, P_3, P_4, P_5, \cdots, P_{h-1}, P_0$，这样一共有 h 步（h 为凸包上点的个数），所以总的复杂度就是$O(nh)$。

算法的流程如算法 6-2 所示。

输入：点集S
输出：凸包P
具体流程：
（1）$P \leftarrow \emptyset$，记录在凸包上的点
（2）$cur \leftarrow$最左端的点
（3）重复下面的过程
　　（3.1）将cur加入P
　　（3.2）令$endPoint \leftarrow S_0$
　　（3.3）对于S_1到S_{n-1}的每一个点S_i
　　　　（3.3.1）如果$endPoint = cur$或者S_i在向量$cur \rightarrow endPoint$的右端
　　　　　　（3.3.1.1）$endPoint \leftarrow S_i$
　　（3.4）$cur \leftarrow endPoint$
　　（3.5）如果$cur = P_0$，算法结束

算法 6-2　滚包裹法求凸包

6.3.3　圆的面积并

【基本概念】

给定平面 n 个圆，求所有圆的面积并的大小，即平面上至少被一个圆所覆盖的区域。

【算法】

1. 去掉重复、包含的圆。

2. 求出圆与圆之间的所有交点及每个圆的最左最右点，得到点集 Ω 。

3. 对于任意一个圆，点集 Ω 中在这个圆上的点将其分割成一个个小圆弧。如果小圆弧的角度大于180°，则适当地添加虚点，将其分解成两个小圆弧。

4. 规定逆时针为圆弧的正方向。对于所有的小圆弧，判断其是不是被其他圆所覆盖过。取出所有的未被覆盖过的圆弧，这些圆弧就是面积并的轮廓线。

将面积并分为一个多边形和一些弓形区域两部分考虑：

1. 对于每段圆弧，它们的两个端点都能连接一条有向线段，将其看成简单多边形的一条边，把其构成的有向面积加到总面积里面。

2. 对于每段圆弧所构成的弓形区域，将其面积直接加到总面积里面。

算法流程示意图如图 6-10 所示。

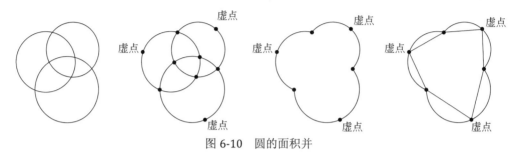

图 6-10 圆的面积并

判断小圆弧是不是被其他的圆覆盖的方法，可以取出这个圆弧的特征点（比如圆弧的中点），然后判断这个点是不是被其他的圆覆盖。因为小圆弧是用所有交点离散化之后的，所以小圆弧上除了端点之外的所有点都有共同特征，因而上述方法是正确的。

另一种判断方法是对于每个圆分别考虑。对于一个圆来说，在求出它和其他所有圆的交点后，我们可以知道这个圆上所有被覆盖的极角区间。我们可以用排序来求出所有极角区间的并。判断时，只需要检查小圆弧的中点是否属于这个区间并，可以用二分查找实现。

【算法复杂度】

对于每一个圆来说，其圆上的交点与虚点的个数级别为 $O(n)$。也就是说每个圆上最多有 $O(n)$ 条小圆弧。判断每一个圆弧是否被覆盖有两种方法，如果采用第一种，则复杂度是 $O(n)$，而第二种方法在 $O(n^2 \log n)$ 的预处理后，可以做到 $O(\log n)$。

所以总的复杂度将取决于判断算法的选择，如果采用第一种，则为 $O(n^3)$；如果采用第二种，则为 $O(n^2 \log n)$。

6.4 半平面交

【问题描述】

在几何学中，半平面是指一条直线将平面分成的两半中的任意一半。同样的，三维空间中的一个平面也将三维空间分为两个半空间。这样的定义可以推广到 n 维：一个 n 维空间可以被一个 $n-1$ 维的超平面分为两个半空间。

在代数学中，我们可以将一个半空间写成一个线性不等式：

$$a_1x_1 + a_2x_2 + \cdots + a_nx_n > b$$

在二维上，可以从几何直观来定义半平面交：把多个半平面画在 xoy 坐标系中，公共的部分就是它们的交。

同样地，也可以用代数的方法来定义：多个半平面对应不等式的公共解就是它们的交，如图 6-11 所示。

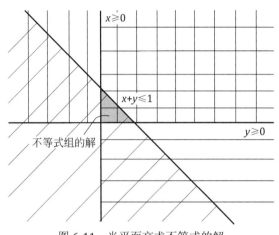

图 6-11　半平面交求不等式的解

半平面交问题就是给定 n 个半平面，求出它们的交。

【性质】

1. 半平面的交一定是一个凸多边形（可能并不封闭，存在一侧无限）。
2. 任何一个凸包都能表示为几个半平面的交。

【算法描述】

半平面交问题的求解，通常使用其几何定义来完成。由性质知，任意多半平面的交都是凸多边形。对于一个实际的问题，可以取定一个数作为无穷大，不妨设为 ∞。

初始时，取定一个 $(-\infty, -\infty) \rightarrow (\infty, \infty)$ 的正方形作为当前凸多边形。每次只需要对凸多边形进行切割即可，保留当前半平面对应的一侧即可。当凸多边形的点数小于三时，交为空。

在切割时，可以枚举凸多边形的每条边与直线求交点。通过叉积运算，选择剩余的点。

这样每次切割的复杂度是 $O(m)$ 的，其中 m 是切割前的凸多边形点数。每次切割完后，最多增加两个顶点。因此，时间复杂度为 $O(n^2)$，其中 n 为半平面的个数，如图 6-12 所示。

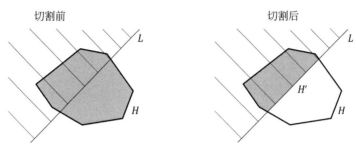

图 6-12　半平面交切割示例

【算法流程】

算法 6-3 是上面描述的算法的具体流程。

输入：一个半平面组成的集合

输出：半平面交

具体流程：

（1）初始化凸包 $H \leftarrow (-\infty, -\infty) \rightarrow (\infty, \infty)$，为逆时针方向

（2）对于每个半平面在边界上取 (a_i, b_i) 两个代表点，使得 $a_i \rightarrow b_i$ 的左侧是那个半平面

（3）对于每一个半平面 L

　　（3.1）$H' = \phi$

　　（3.2）对于 H 的每条边 L_i（逆时针顺序）

　　　　（3.2.1）如果 (a_i, b_i) 所代表的直线与 L_i 有交点 x，那么 H' 中加入 x

　　　　（3.2.2）如果 L_i 向量的终点在 L 中，那么 H' 中加入该点

　　（3.3）$H \leftarrow H'$

（4）H 即为所求的交

算法 6-3　求半平面交

【扩展】

下面介绍一种 $O(n\log n)$ 的算法：

首先只考虑法线向量在轴上方的半平面，因为最终交集是一个凸包，而凸包的斜率是单调的，所以我们可以按照斜率递增的顺序加入每个半平面。

设现在的凸包是 $\{L_1, L_2, \cdots, L_k\}$ 这些半平面的交，并且这些半平面顺次组成凸包的边界。设新加入的半平面是 L。由几何直观可得，如果加入 L 之后，L_k 是交集的边界，那么 L_{k-1} 也是交集的边界。于是可以用一个栈维护 $\{L_1, L_2, \cdots, L_k\}$，每次检查栈顶时候是边界，如果不是则出栈，最后把 L 加入交集即可。图 6-13 演示了这个流程，其中灰色区域表示了目前的凸包。

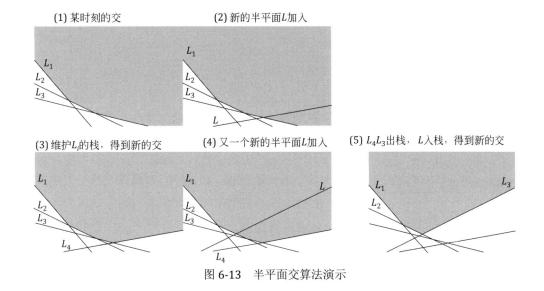

(1) 某时刻的交　　　　　　　(2) 新的半平面L加入

(3) 维护L_i的栈，得到新的交　　(4) 又一个新的半平面L加入　　(5) L_4L_3出栈，L入栈，得到新的交

图 6-13　半平面交算法演示

6.5　经典问题

6.5.1　线段求交

【基本概念】

计算几何中的线段求交问题，指的是给定平面上 n 条线段，判断其中是否有两条线段相交。

【算法】

最容易想到的算法是依次枚举每两条线段，判断它们是否相交，复杂度为 $O(n^2)$。

改进的算法基于这样一种想法，如果所有线段的左端点 x 坐标相同，右端点也是对齐的，那么只需要比较相邻的线段是否相交就可以了。具体来说，用一条竖直的直线 L 从左向右扫过整个平面，维护每个时刻所有与 L 相交的线段，并按照和 L 交点的高低排序。如果两条线段会相交，那么前一个时刻，它们在 L 上一定是相邻的。

只有当 L 碰到某条线段的端点时，才需要在上面的集合中添加或删去一条线段，虽然扫描是个连续的过程，但只有在这样的离散的"事件点"上，才是有意义的。下面给出这个算法的流程，为了简化问题，我们假设不会出现三线共点的情况，假设两条线段不会相交于某个端点，如算法 6-4 所示。

输入：一个线段的集合

输出：相交的两条线段

具体流程：

（1）将所有线段的端点加入事件队列 Q；

（2）设 S 为所有和直线 L 相交的线段集合，初始 S 为空；

（3）从 Q 中取出下一个事件 E（x 坐标最小的事件）；

（4）如果 E 是一条线段 b 的左端点，将此线段加入 S 中，接着找出 S 中与 b 上下相邻的两条线段 a 和 c，检查是否 (a,b) 或者 (b,c) 相交；

（5）如果 E 是一条线段 b 的右端点，从 S 中找出 b 上下相邻的两条线段 a 和 c，将 b 从 S 中删去，同时判断如果 (a,c) 相交；

（6）如果 Q 中还有事件，返回第（3）步，否则算法结束，没有两条线段是相交的。

算法 6-4　线段求交

集合 S 可以用平衡二叉排序树实现，支持 $O(\log n)$ 时间复杂度的插入、删除和查询前后邻居。事件队列 Q 只需要插入所有端点后按 x 坐标排序。由于事件只有 $2n$ 个，所以这个算法的复杂度是 $O(n\log n)$。

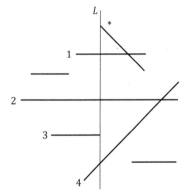

图 6-14　线段相交示意

举例来说，如图 6-14 中的竖线是 L，现在集合 S 中按顺序有线段 1, 2, 3, 4，可以看到，一条新的线段(*)加入 S，可能会造成相交。另一方面，线段 4 插入时只和线段 3 进行了检查，所以线段 3 被移除时，要将它的上下两条线段 2, 4 进行相交判断。

【扩展】

1. 如果有两个事件的 x 坐标相同，则再按 y 坐标从小到大排序。这样一条竖直的线段，它的左端点就是下方的点，它也同样经历了进队和出队两次事件。如果三条线段交于一点，对只需要判断是否有线段相交来说，并没有区别。

2. 上面的算法稍加扩展，就可以求出所有的交点。只需要添加一种事件，当 L 扫描到两条线段的交点时，因为两条线段交错之后，S 中的顺序也会发生改变。这样插入或移除一条线段时，可能需要添加 Q 中的某些事件（交点处需要新增一个交换两条线段在平衡树中的位置的事件），这些事件在开始时并不知道，所以需要动态维护事件的顺序。此时的队列 Q 可以用二叉堆来实现，算法的复杂度为 $O((n+k)\log n)$，其中 k 为交点个数。

6.5.2　最近点对

【问题描述】

在一个二维平面上，给定一些点，记做 $p_1, p_2, \cdots, p_n$，两点之间的距离按照直线欧几里得方法计算。最近点对问题是要找到这样的两个点，使得它们之间的距离是所有点对中最小的。即设 dist(a,b) 表示 p_a 与 p_b 之间的距离，需要求解的点对 p_x,p_y 满足：

$$\text{dist}(x,y) = \min_{i \neq j}(\text{dist}(i,j))$$

【问题分析】

一种显而易见的方法是枚举所有的点对，并计算距离的最小值，该方法的时间复杂度为 $O(n^2)$。接下来将介绍一种基于分治思想的更加高效的算法，可以在 $O(n\log n)$ 的时间内求解。

【算法描述】

如图 6-15（a）所示，将给定的点集按照 Y 轴方向分成左右两个部分，使得位于两个部分中的点的个数基本相同。

最近点对 p_x,p_y 可能都在左边的部分，也可能都在右边的部分，也可能一个在左边的部分，另一个在右边的部分。当 p_x,p_y 位于同一个部分时，可递归地调用算法，对左右两个部分中的点集求解最近点对，所以需要考虑的只有 p_x,p_y 分属两个部分的情况。

不妨假设 p_x 位于左侧，p_y 位于右侧。设 d_L,d_R 分别为左右两个部分的最近点对距离，并且设 $d = \min(d_L,d_R)$。为了使得 p_x,p_y 为最近点对，需要满足 dist(x,y)$< d$。所以只需考虑分割线左右两侧距离为 d 的区域内的点，如图 6-15（b）所示。

考虑位于区域左侧的点 p_x，位于区域右侧且与 p_x 的距离小于 d 的点只可能位于如图 6-15（c）所示的阴影区域。同时，由于 $d = \min(d_L,d_R)$，所以右侧任意两点间距离必然不小于 d。从而不难看出，右侧阴影区域中点的个数至多为 6（即阴影区域边界所构成的6 个顶点）。

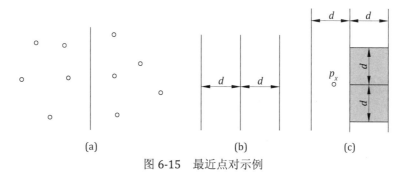

图 6-15 最近点对示例

【算法实现与分析】

在实现上诉算法时，需要分别维护点按照 X 轴坐标与 Y 轴坐标排序的序列，排序的复

杂度为 $O(n\log n)$。将点分为左右两个部分时，可以利用 X 轴的排序，取位于中间位置的点的 X 轴坐标为分割线。在 p_x,p_y 分别位于左右两侧时，利用 Y 轴的排序，通过枚举位于左侧限定区域内的点 p_x，由于对应于 p_x 的位于右侧的点不超过 6 个，所以可以在 $O(n)$ 的时间内求解。设算法的复杂度为 $T(n)$，则有：

$$T(n) = 2T\left(\frac{n}{2}\right) + O(n)$$

这个递归式与快速排序的递归式相同，故 $T(n)=O(n\log n)$，上述递归方程也可以通过主定理来求解。

6.5.3　最远点对

【问题描述】

在一个二维平面上，给定一些点，记做 $p_1,p_2,\cdots,p_n$，两点之间的距离按照欧几里得距离计算（即两点连成的直线段的长度）。最远点对问题是要找到这样的两个点，使得它们之间的距离是所有点对中最大的。即设 $\mathrm{dist}(a,b)$ 表示 p_a 与 p_b 之间的距离，需要求解的点对 p_x,p_y 满足：

$$\mathrm{dist}(x,y) = \max_{i \neq j}(\mathrm{dist}(i,j))$$

【问题分析】

一种显而易见的方法是枚举所有的点对，并计算距离的最大值，该方法的时间复杂度为 $O(n^2)$，其中 n 为总点数。

一个比较直观的优化是只枚举凸包上的所有点。因为最远点对一定是凸包上的两个点。优化后时间复杂度为 $O(m^2)$，其中 m 为凸包上的点数。对于随机数据，这个算法会有较好的效率，但最坏情况下时间复杂度与暴力枚举法相同。

接下来将介绍一种基于旋转卡壳技术的高效的算法，可以在 $O(n\log n+m)$ 的时间内求解最远点对问题。其中 n 为总点数，m 为凸包上的点数。

【算法描述】

如图 6-16 所示，如果 q_a,q_b 是凸包上最远两点，必然可以分别过 q_a,q_b 画出一对平行线。通过旋转这对平行线，我们可以让它和凸包上的一条边重合，如图中虚线，可以注意到，q_a 是凸包上离 p 和 q_b 所在直线最远的点。

由于上述性质，所以只需要找出凸包每条边所在直线所对应的最远点（有时可能是两个，因为平行边的存在），然后用这条边的两个端点到对应最远点的距离分别更新最大值即可。

具体的实现中，只需模拟一对平行线的旋转即可，如算法 6-5 所示。

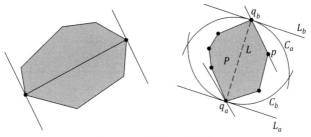

图 6-16　旋转卡壳示意

【算法流程】

输入：点集 S

输出：S 中距离最远的两个点

具体流程：

（1）求出 n 个点的凸包 H，设凸包点数为 m

（2）取定一条线为过点 H_1, H_2 的直线，$O(m)$ 时间可以求出其对应的最远点，得到它的平行线

（3）逆时针转动平行线，直到某一条线被凸包的一条边卡住，计算相应点之间的距离更新最大值

（4）当平行线再次被 H_1, H_2 卡住时，算法结束。否则返回（3）继续

算法 6-5　旋转卡壳

容易发现，第三步可以在 $O(1)$ 完成。因为每条边只会卡住一次，所以第三步最多执行 m 次。综上，该算法复杂度为 $O(n\log n + m)$。

图 6-17 是该算法执行的一个例子。

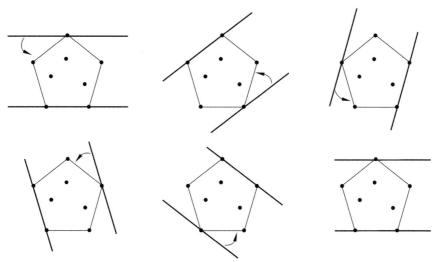

图 6-17　旋转卡壳算法执行示例

第 7 章

论 题 选 编

7.1 背 包 问 题

【部分背包】

有 N 种物品，每种物品的重量为 W_i，每单位重量的价值为 V_i，给定一个容量为 M 的背包，要求在物品总重量不超过背包容量的限制下，选择放进背包里的物品，使得总价值最大。

这是背包问题中最简单的一种形式，由于每种物品可以只放一部分，可以采用贪心的策略来解决。具体的做法是，将物品按照 V_i 从高到低的顺序依次放入背包中，直到达到背包的容量为止。正确性是非常直观和显而易见的。

举例说明。设有 5 种物品，重量分别为 1,2,3,4,5，单位重量的价值分别为 5,3,4,2,1，按单位重量的价值从高到低选取物品放到背包中。如果有一个容量为 5 的背包，那么最优方案是：先选第一种物品，重量为 1；再选第三种物品，重量为 3；再取第二种物品的一部分，重量为 1；这样，此时背包重量为 5=1+3+1，背包中物品的总价值为 $1\times5+3\times4+1\times3=20$。

【01 背包】

有 N 件物品，每件物品的重量为 W_i，价值为 V_i，给定一个容量为 M 的背包，要求在物品总重量不超过背包容量的限制下，选择放进背包里的物品，使得总价值最大。注意这里每件物品是不可分割的，或者全部放在背包里，或者全部不放在背包里，这是与之前的部分背包最大的不同之处。

解决这个问题的有效方法是使用动态规划。记 $f[i,w]$ 为处理完前 i 件物品后、重量恰好为 w 时背包的最大总价值，考虑第 $i(i>0)$ 件物品是否放进去，可以列出状态转移方程：

$$f[i,w]=\begin{cases} \max(f[i-1,w-W_i]+V_i,f[i-1,w]), & w\geqslant W_i \\ f[i-1,w] & w<W_i \end{cases}$$

初始状态：$f[0,0]=0$。

该方法的时间复杂度为 $O(NM)$，其中 N 为物品的个数，M 为背包的容量。

举例说明。设有 4 件物品，用①②③④编号，重量分别为 2,3,4,7，价值分别为 1,3,5,9。

如果有一个容量为 10 的背包,最优方案是②+④:这样背包重量为 10,没有超过容量要求,其中物品的总价值为 3+9=12。

7.2　LCA 与 RMQ

【基本概念】

LCA:最近公共祖先,对于有根树 *T* 的两个节点 *u*、*v*,最近公共祖先 *LCA(T,u,v)* 表示一个节点 *x*,满足 *x* 是 *u*、*v* 的祖先且 *x* 的深度尽可能大。例如,图 7-1 中的 *x* 是 *u,v* 的 *LCA*。

RMQ:区间最小值查询问题。对于长度为 *n* 的数列 *A*,回答若干询问 $RMA(A,i,j)(i,j \leqslant n)$,返回数列 *A* 中下标在[*i,j*]里的最小值下标。

例如数列 *A* 为 3,1,4,2,5,3,则 *RMQ(A,*1,4)=2。

【*RMQ* 向 *LCA* 的转化】

考察一个长度为 *N* 的序列 *A*,按照如下方法将其递归建立为一棵树:

(1)设序列中最小值为 A_k,建立优先级为 A_k 的根节点 T_k;

(2)将 $A_{1..k-1}$ 递归建树作为 T_k 的左子树;

(3)将 $A_{k-1..n}$ 递归建树作为 T_k 的右子树。

求 $RMQ(A,i,j)$ 只需求出 *i*、*j* 对应在树上的位置 *u* 和 *v*,然后计算 *LCA(T,u,v)* 即可。例如数列 *A* 为 3,1,4,2,5,3 时,转换出来的树如图 7-2。3 对应树上的 *u* 节点,5 对应树上的 *v* 节点,二者 *LCA* 为 *x*,所以 $RMQ(A,3,5) = LCA(T,u,v)$ 上的值=2。

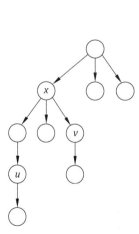

图 7-1　*LCA* 示例

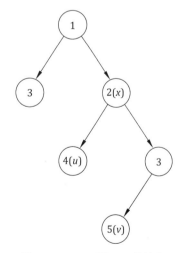

图 7-2　*RMQ* 到 *LCA* 的转化

【*LCA* 向 *RMQ* 的转化】

1. 对有根树 *T* 进行 *DFS*，如图 7-3 所示，将遍历到的节点按照顺序记下，我们将得到一个长度为 2*N*–1 的序列，称之为 *T* 的欧拉序列 *F*。

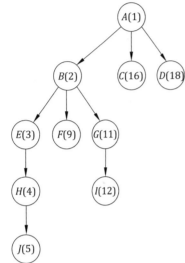

2. 每个节点都在欧拉序列中出现，我们记录节点 *u* 在欧拉序列中第一次出现的位置为 *pos*(*u*)。

3. 根据 *DFS* 的性质，对于两节点 *u*、*v*，从 *pos*(*u*) 遍历到 *pos*(*v*) 的过程中会经过 *LCA*(*u*,*v*)，它的深度是深度序列 *B*[*pos*(*u*)…*pos*(*v*)] 中最小的。

对图 7-3 中的树进行深度优先搜索，假设搜索的顺序，即欧拉序列为：*A*,*B*,*E*,*H*,*J*,*H*, *E*,*B*,*F*,*B*,*G*,*I*,*G*, *B*,*A*, *C*,*A*,*D*,*A*。节点内的括号里的数记录的是该节点在欧拉序列中最早出现的位置，即 *pos*(*x*)。求 *LCA*(*T*,*i*,*j*) 就等于找出求欧拉序列中 *pos*(*i*),*pos*(*j*) 之间的深度最小的值所对应的点。

比如求 *LCA*(*T*,*H*,*C*)，等价于求 *RMQ*(*B*,4,16)，欧拉序列对应的深度序列为 1,2,3,4,5,4,3,2,3,2,3,4,3,2,1,2, 1,2,1，位置 4 和位置 16 间深度最小的为 *B*[15]=1，因此 *LCA*(*T*,*H*,*C*) = *A*。

图 7-3 *LCA* 到 *RMQ* 的转化

【*RMQ* 问题的 Sparse Table 算法】

算法是基于倍增思想设计的 $O(N\log N) - O(1)$ 在线算法。算法记录从每个元素开始的连续的长度为 2^K 的区间中元素的最小值，并以在常数时间内解决询问。

令 *RMQ*(*i*,*j*) 表示从下标从 *i* 到 *j* 的最小元素。则有 $RMQ(i,j) = \min\{RMQ(i,k), RMQ(k,j)\}$，$i < k < j$。为了更有效地计算所有状态，我们尽可能平分计算时 *j*–*i* 的长度，运算规模的递规方程为 $T(n) = 2T(n/2) + 1$，易知算法的时间复杂度为 $O(n\log n)$。

【*LCA* 问题的 Tarjan 算法】

利用并查集优越的时空复杂度，我们可以实现 *LCA* 问题的 $O(n+Q)$ 算法，这里 *Q* 表示询问的次数。Tarjan 算法基于深度优先搜索的框架，对于新搜索到的一个节点，首先创建由这个节点构成的集合，再对当前节点的每一个子树进行搜索，每搜索完一棵子树，则可确定子树内的 *LCA* 询问都已解决。其他的 *LCA* 询问的结果必然在这个子树之外，这时把子树所形成的集合与当前节点的集合合并，并将当前节点设为这个集合的祖先。之后继续搜索下一棵子树，直到当前节点的所有子树搜索完。这时把当前节点也设为已被检查过的，同时可以处理有关当前节点的 *LCA* 询问，如果有一个从当前节点到 *v* 的询问，且 *v* 已被检查过，则由于进行的是深度优先搜索，当前节点与 v 的最近公共祖先一定还没有被检查，而这个最近公共祖先的包涵 v 的子树一定已经搜索过了，那么这个最近公共祖先一定是 v 所在集合的祖先。

代码流程如算法 7-1 所示。

算法：Tarjan_DFS(u)，对 u 为根的子树进行 *DFS*
输入：树 u 和 *LCA* 查询集合 Q
输出：Q 的答案
（1）创建并查集合 u
（2）对于 $(u,v) \in Q(u)$
　（2.1）如果 v 已经被标记，则 *Answer*$(u,v) \leftarrow v$ 所在集合的根
（3）对于 u 的每一个儿子 v
　（3.1）递归调用 **Tarjan_DFS**(v)
　（3.2）合并 u 和 v 所在的集合，设根为 u
（4）标记 u

算法 7-1　*LCA* 的 Tarjan 算法

7.3　快速傅里叶变换

【基本概念】

快速傅里叶变换在信号处理等领域有着广泛的应用。在竞赛中，*FFT* 主要用途是求两个多项式的乘积，即给定两个阶小于 n 的多项式 $A(x) = \sum\limits_{k=0}^{n-1} a_k x^k$，$B(x) = \sum\limits_{k=0}^{n-1} b_k x^k$，需要求解 $C(x) = \sum\limits_{k=0}^{2n-2} c_k x^k = A(x)B(x)$。注意 $C(x)$ 的阶不超过 $2n$，而不是 n。

朴素算法依次计算 $C(x)$ 的各个系数 $c_k = \sum\limits_{i=0}^{k} a_i b_{k-i}$，复杂度为 $O(n^2)$，而通过 *FFT* 可以做到 $O(n\log n)$。

在 *FFT* 中需要应用到一些复数的知识。方程 $x^n = 1$ 在复数域上一共有 n 个不同的解，可以表示为 $\cos\dfrac{2\pi k}{n} + i\sin\dfrac{2\pi k}{n}$ 或是等价的 $e^{2k\pi i/n}(k=0..n-1)$。记 ω_n 为 $e^{2\pi i/n}$，则这 n 个解也可以表示成 $\omega_n^0 \cdots \omega_n^{n-1}$。$\omega_n$ 被称为单位根。从几何的角度来看，这 n 个解对应到的是复平面上单位圆的 n 等分点，如图 7-4 所示。

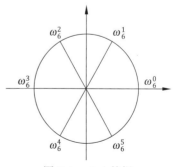

图 7-4　$x^6 = 1$ 的根

【性质】

1. 对于一个小于 n 阶的多项式，如果给出它在 n 个不同位置的取值，则该多项式的系数是唯一确定的。例如若已知一个小于 3 阶的多项式 $F(x)$ 满足 $F(0)=1$、$F(1)=3$、$F(-1)=1$，则可以知道 $F(x)=x^2+x+1$。

2. 如果已知一个小于 n 阶多项式的系数，则可以在 $O(n^2)$ 的时间内求得它在任意 n 个不同位置上的取值。

3. 如果已知一个小于 n 阶的多项式在 n 个不同位置上的取值，则可以通过拉格朗日插值公式（$O(n^2)$ 的复杂度）或是求解线性方程组（$O(n^3)$ 的复杂度）得到它的系数。

4. 若 n 为偶数，则 $\omega_n^{2k}=\omega_{n/2}^k$。

【算法】

FFT 基本思路是通过计算 $A(x)$ 在 $2n$ 个不同位置上的取值以及 $B(x)$ 同样在这 $2n$ 个位置上的取值之后，将这两组取值按位置相乘，就得到了 $C(x)$ 在这 $2n$ 个位置上的取值。最后再将 $C(x)$ 的系数推出来。为了控制时间复杂度，FFT 将这 $2n$ 个位置选取在 $\omega_{2n}^0,\omega_{2n}^1\cdots\omega_{2n}^{2n-1}$。

算法有两个难题，一个是如何在 $O(n\log n)$ 时间内求得 $A(\omega_{2n}^0)$, $A(\omega_{2n}^1)\cdots A(\omega_{2n}^{2n-1})$ 和 $B(\omega_{2n}^0),B(\omega_{2n}^1)\cdots B(\omega_{2n}^{2n-1})$，还有一个是如何在 $O(n\log n)$ 时间内根据 $C(\omega_{2n}^0),C(\omega_{2n}^1)\cdots C(\omega_{2n}^{2n-1})$ 求得多项式 $C(x)$ 的系数。

不失一般性，若已知任意小于 n 阶的多项式 $F(x)$ 的系数 $f_0,f_1\cdots f_{n-1}$，其中 n 为 2 的次幂，则可以通过递归法在 $O(n\log n)$ 时间内求解它在 ω_n^0, $\omega_n^1\cdots\omega_n^{n-1}$ 位置上的取值。

首先，把 $F(x)$ 按照指数的奇偶性改写成 $F(x)=F_e(x^2)+xF_o(x^2)$，其中 $F_e(x)=f_0+f_2x+\cdots+f_{n-2}x^{n/2-1}$，而 $F_o(x)=f_1+f_3x+\cdots+f_{n-1}x^{n/2-1}$。由性质 4 知，只需要求解 F_e 和 F_o 在 $\omega_{n/2}^0$, $\omega_{n/2}^1\cdots\omega_{n/2}^{n/2-1}$ 这 $\frac{n}{2}$ 个位置上的取值即可。这样问题的规模被缩小了一半，一直递归下去即可。

若已知 $C(\omega_{2n}^0),C(\omega_{2n}^1)\cdots C(\omega_{2n}^{2n-1})$，可以证明 $C(x)$ 的系数 $c_k=\frac{1}{n}\sum_{j=0}^{2n-1}C(\omega_{2n}^j)\omega_{2n}^{-jk}$。不难发现这与上面的问题类似，只是多项式的系数变了变，可以用相同的路数来解决。

【用途】

大整数相乘可以看成是多项式相乘的特例。

7.4　字　符　串

7.4.1　字符串匹配

【问题描述】

假设文本 T 为一个长度为 n 的字符串，称为主串，P 为一个长度为 m 的字符串，称为模式串。字符串匹配问题要求解的是，判断 P 是否在 T 中出现（即 P 是否为 T 的子串），并计算出现的位置。

图 7-5 给出了一个字符串匹配的例子，其中文本串 $T = aababababca$，模式串 $P = ababc$，则 P 出现在 T 的第 4 个位置上。

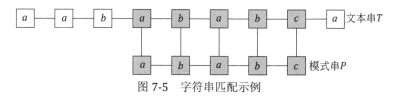

图 7-5　字符串匹配示例

为了讨论方便，这里规定一些字符串匹配中经常用到的符号。对于一个字符串 S 来说，$S[i]$ 表示串 S 的第 i 个字符（从 1 开始标号），$S[i..j]$ 表示串 S 从第 i 个字符到第 j 个字符间的子字符串。例如 $S = abba$，则 $S[1] = a$，$S[2..3] = bb$。

字符串匹配的朴素算法是枚举主串 T 中的每个位置 i，然后检查 $T[i..i+m-1]$ 是否与 P 完全相同。显然这种算法效率较低，时间复杂度为 $O(mn)$。

【Rabin-Karp 算法】

Rabin-Karp 算法的基本思想是，设计一个哈希函数 f，将一个长度为 m 的字符串映射到一个整数上，若 t_i 表示 $T[i..j+m-1]$ 通过函数 f 得到的哈希值，则可以通过将 $f(P)$ 与每个 t_i 做比较来检查是否匹配。可以看出哈希值相同是两个长度为 m 的字符串匹配的必要条件。如果 $f(P)$ 与某个 t_i 相等，则用 $O(m)$ 的时间检查 $T[i..i+m-1]$ 是否与 P 匹配；如果哈希值不相等，则没有检查的必要了。

为了效率，哈希函数 f 的设计需要使得 t_{i+1} 可以从 t_i 推出来。例如假设字符集的大小为 L，给每个字符从 0 到 $L-1$ 标号，一个长度为 m 的字符串 S 的哈希值为

$$f(S) = (S[1] \times L^{m-1} + S[2] \times L^{m-2} + \cdots + S[m-1] \times L + S[m]) \bmod q$$

其中 q 为某个大质数。

Rabin-Karp 算法仅当哈希值相等时才进行 $O(m)$ 时间的检查，虽然其最坏情况下的复杂度依然为 $O(nm)$，然而在实际应用中往往可以得到近乎线性的匹配速度。

【KMP 算法】

KMP 算法的全称为 Knuth-Morris-Pratt 算法，该算法可以保证在线性的时间内完成匹配。对于模式串 P，构造一个前缀数组 pre，满足

$$pre[i] = \max\{j \mid j < i \text{且} P[1..j] = P[i-j+1..i]\}$$

不难发现 $pre[i]$ 求的是串 $P[1..j]$ 一个最长的前缀 $P[1..j]$，这个前缀同时也是它的后缀。当这个前缀找不到的时候，$pre[i]$ 设为 0。例如，假设模式串 $P = ababc$，则 $pre[4] = 2$，因为 ab（$P[1..2]$）不仅是 $abab$（$P[1..4]$）的前缀也是它的后缀；而 $pre[5] = 0$，因为无法找到 $ababc$（$P[1..5]$）的一个前缀同时又是它的后缀。

KMP 算法在匹配时维护两个位置下标 i 和 j，表示当前模式串 P 的前 j 个字符与主串 T 在位置 i 前的 j 个字符匹配，即 $P[1..j] = T[i-j..i-1]$。当算法在尝试对 $T[i]$ 和 $P[j+1]$ 匹配中遇到不相同的字符，就会通过 pre 数组进行跳跃，而不是像朴素算法那样对每个位置都进行尝试。KMP 算法的伪代码如算法 7-2 所示（计算 pre 数组的过程之后会给出）。

KMP 算法

```
输入：主串和模式串，长度分别为 n 和 m
输出：匹配位置 i，如果存在
伪代码：
j←0
for(i=1; i≤n; i←i+1){
    while (j>0 且 T[i]≠P[j+1]) j←pre[j]
    if (T[i]=P[j+1]) j←j+1
    if (j=m) break
}
```

算法 7-2　KMP 算法

KMP 算法高效的原因在于充分利用了匹配中的已有信息。最关键一步在于当发现遇到 $T[i] \neq P[j+1]$ 时，j 直接变为了 $pre[j]$。这是因为通过匹配的过程可以知道 $T[i-j..i-1] = P[1..j]$，由 pre 数组的定义又可以知道 $P[1..pre[j]] = P[j-pre[j]+1..j] = T[i-pre[j]..i-1]$，所以当尝试对 $T[i]$ 和 $P[j+1]$ 进行匹配失败后，j 只需要直接跳到 $pre[j]$ 即可。可以证明，KMP 算法的时间复杂度是线性的，即 $O(n+m)$。

对于前面的例子：文本串 $T = aababababca$，模式串 $P = ababc$，模式串 P 的 pre 数组为 [0,0,1,2,0]，如图 7-6 所示。

匹配到模式串第二位，是 b，与文本串 a 不匹配，模式串移动到 $pre[2] = 0$ 的位置，如图 7-7 所示。

然后一直匹配到模式串第五位，是 c，与文本串 a 不匹配，模式串移动到 $pre[4] = 2$ 的位置，如图 7-8 所示。

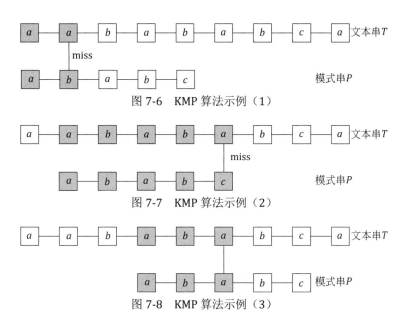

图 7-6　KMP 算法示例（1）

图 7-7　KMP 算法示例（2）

图 7-8　KMP 算法示例（3）

从模式串的第三位开始继续匹配，如图 7-9 所示。

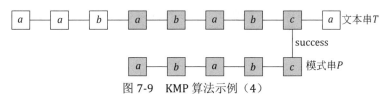

图 7-9　KMP 算法示例（4）

匹配成功。

求 *pre* 数组的过程可以看做是模式串 *P* 自己与自己进行 KMP 匹配的过程。伪代码如算法 7-3 所示。

计算 *pre*
输入：模式串 *P*，长度为 *m*
输出：*pre* 数组
伪代码：
j←0　　　　　　　　　　　　　　//当前要匹配的位置
 for(*i*=1; *i<m*; *i*←*i*+1) {
　　　while (*j*>0 且 *s*[*j*+1]≠*s*[*i*]) *j*←*pre*[*j*]
　　　if (*s*[*j*+1]=*s*[*i*]) *j*←*j*+1
　　　pre[*i*]←*j*
 }

算法 7-3　KMP 算法中 *pre* 的计算

7.4.2　Trie

【基本概念】

单词查找树，又称为字典树或者前缀树，是一种树形结构。每个节点在树中的位置决定了它代表的字符串。

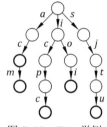

举例来说，图 7-10 展示了一棵保存了"ac"，"acm"，"icpc"，"ioi"，"sjtu" 5 个串的 Trie。从根节点到某一节点，路径上经过的字符连接起来，为该节点对应的字符串。根节点表示空串，每个节点的儿子个数理论上可以达到字符集的大小$|\Sigma|$。粗线标出的节点表示在字典中出现的字符串，其他节点只是某个串的前缀。

图 7-10　Trie 举例

Trie 可以看成是确定有限状态自动机的一种特例，它接受所有字典中出现的单词。根节点是起始态，所有粗线的节点都是接受态。

【算法】

在 Trie 中插入，查找，删除一个字符串的操作相似。假设要插入的字符串为 S，长度为 m，我们以插入为例：

（1）从根节点开始，从前向后依次读入 S 的每个字符 c。

（2）如果当前节点没有一条指向孩子的边为 c，那么新建这样一条边和一个孩子节点。

（3）沿着 c 这条边走到下一层的节点。

（4）如果还有下一个字符，回到第（1）步，否则标记当前节点（粗线），结束。

Trie 就好比维护了一个字典，可以在这个字典里插入删除字符串，也可以查询一个字符串是否在字典中。Trie 的插入查找删除复杂度都是 $O(m)$ 的，其中 m 为带插入串的长度。

Trie 占用的空间相对较小，因为所有公共的前缀都只存储了一次。若字符集中字符个数（$|\Sigma|$）较少，可以在 Trie 上每个节点直接开 $O(|\Sigma|)$ 的空间用来存储树上指向孩子节点的边。若字符集中字符个数较多，可以采用 Hash 表的形式存储树中的边。具体来说，以一个节点-字符对作为键值在 Hash 表中查找，表中所存储的即为这条边所指向的孩子节点。

【用途】

1. Trie 可以用来给字符串排序，把这些字符串都插入 Trie 之后，先序遍历即可。

2. Trie 的节点上可以存储额外的信息，比如做词频统计，只需要每个节点上记录一个整数，每次插入时，将节点的计数器加 1 即可。

3. Trie 上支持查找最长公共前缀的字符串。

4. 在一些应用中实现字符串的自动补全功能。

7.4.3　AC 自动机

【基本概念】

AC 自动机（Aho-Corasick），是一种特殊的自动机，是通过在 Trie 树上添加一些额外的边组成，其核心部分是后缀节点的构建。

路径字符串

在 Trie 树中，某个节点的路径字符串是指从 Trie 的根节点到该节点的路径上的边上的字符连起来形成的字符串。

后缀节点

在 Trie 树中，一个节点 x 的后缀节点为 Trie 树上的一个非本身节点 y，并且 y 的路径字符串为 x 的路径字符串的所有后缀中出现中在 Trie 上的最长的一个。后缀节点的概念和 KMP 中的前缀数组很相似，其构造方法也与之类似。

图 7-11 展现的 Trie 的例子中，虚线边指向一个点对应的后缀节点。例如 5 号节点对应的字符串为 $abab$，它出现在 Trie 树上的最长后缀是 ab，对应于 3 号节点。

AC 自动机主要用于解决一类多串匹配问题：假设有多个模式串 $s_1, s_2, \cdots, s_u$，需要确定主串 S 中是否包含其中任意一个模式串。

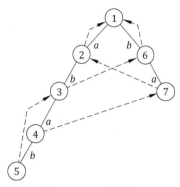

图 7-11　AC 自动机

结束节点

如果一个节点的路径字符串以某个模式串结尾，或者其后缀节点为结束节点，那么称这个节点为**结束节点**。

【算法】

对于多串匹配问题，先根据所有的模式串建立对应的 AC 自动机，然后从头到尾扫描主串，并根据主串中扫描到的字符同步地在 AC 自动机中遍历，每经过一个结束节点就表示主串中出现了某个模式串。下面将详细介绍 AC 自动机的构造和遍历过程。

AC 自动机的构造分两步，首先通过所有的模式串建立起 Trie 树，然后从树根向下依次计算出每个节点的后缀节点。

AC 自动机中后缀节点的建立过程和 KMP 算法中 pre 数组的求解过程十分类似，这里我们也用 $pre[i]$ 来表示节点 i 对应的后缀节点的标号，$fa[i]$ 表示节点 i 的在 Trie 树上的父节点，此外假设从 $fa[i]$ 到 i 的那条边上的字符是 c。其核心思想是首先看 $pre[fa[i]]$ 是否有条字符同样为 c 的边，如果是，则 $pre[i]$ 即为 $pre[fa[i]]$ 标着 c 的那条边所指向的子节点，否则继续检查 $pre[pre[fa[i]]]$ 节点。如果通过不停的 pre 仍然无法找到满足条件的节点，则表示 Trie 上没有串与节点 i 的路径字符串某个后缀相同，那么其后缀节点就为根。

寻找 pre 的伪代码如算法 7-4 所示，这里采用的广搜。

输入：Trie 树
输出：Trie 树的后缀节点数组 pre
伪代码：
将 $root$ 压入队列
$pre[root] \leftarrow -1$;
while (队列非空) {
    $x \leftarrow$ 弹出队首
    for(x 标记为 c 的儿子 i) {
        $tmp \leftarrow pre[x]$
        while ($tmp \neq -1$ 且 tmp 不含有标记为 c 的儿子) $tmp \leftarrow pre[tmp]$
        if ($tmp = -1$) $pre[i] \leftarrow root$
        else $pre[i] \leftarrow tmp$ 的标记为 c 的边指向的节点
        将 i 压入队列
    }
}

算法 7-4　求 AC 自动机的后缀节点

AC 自动机的遍历和 Trie 树很类似，对于主串 s，其遍历算法如下。

（1）从根节点开始，从前向后依次查看 s 的每个字符 c。

（2）如果当前节点 x 含有标记为 c 的边，沿着该边走到下个节点。

（3）否则，查看 x 的后缀节点 $pre[x]$。

如果 $pre[x]$ 含有标记为 c 的边，那么沿着该边走到 $pre[x]$ 的标记为 c 的那条边所指向的节点。

如果 $pre[x]$ 也没有含有标记为 c 的边，继续查看 $pre[x]$ 的后缀节点 $pre[pre[x]]$，如果直到查看到根节点仍然无法找到满足条件的节点，那么就移动到根节点。

（4）如果还有字符，回到（2）。

如图 7-12 是一个 AC 自动机的例子。

模式字符串为"a", "aaa", "aba", "baa", "bb"。

灰色点为结束节点，虚边为额外添加的边，指向对应节点的后缀节点。

其中 2,3,4,5,6,7,8,9,10 的路径字符串分别为"a", "aa", "b", "bb", "aaa", "ab", "aba", "ba", "baa"。其后缀节点分别为 1,2,1,4,3,4,9,2,3。

如果主串为 aababababbaaa，遍历的过程如下：

从 1（根）开始；

主串第一个字符为 a，通过标记为 a 的边走到 2；

主串第二个字符为 a，通过标记为 a 的边走到 3；

主串第三个字符为 b，3 没有标记为 b 的边；

查看 3 后缀节点 2，有标记为 b 的边，沿着标记为 b 的边走到 7；

主串第四个字符为 a，沿着 a 的边走到 8；

主串第五个字符为 b，8 没有标记为 b 的边；

查看 8 的后缀节点 9，9 没有标记为 b 的边；

查看 9 的后缀节点 2，有标记为 b 的边，沿着标记为 b 的边走到 7。

……

经过的节点为 1,2,3,7,8,7,8,7,5,9,10,6。

其中经过结束节点 2,3,5,6,8,10，表示包含有子串 a,aa,bb,aaa,aba,abb(其中 aa 因为包含了 a 所以也成为了结束节点)。

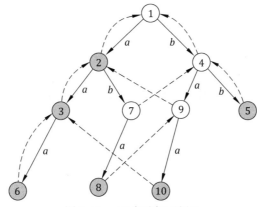

图 7-12　AC 自动机示例 2

7.4.4　后缀数组

【基本概念】

后缀数组是一个高效地对字符串的所有后缀进行字典排序的数据结构。利用它可以完成很多和子串、前缀等有关的操作、询问。例如求解两个串的最长公共前缀问题，正是后缀数组的一个应用。

后缀数组：假设 S 是一个长度为 n 的字符串。后缀数组 SA 是一个一维数组，它保存 $1..n$ 的某个排列 $SA[1],\cdots,SA[n]$，并且保证 $Suffix(SA[i]) < Suffix(SA[i+1]), 1 \leqslant i \leqslant n$。也就是将 S 的 n 个后缀从小到大进行排序之后把排好序的后缀的开头位置顺次放入 SA 中。

例如 $S = abaab$，其所有后缀为：$b,ab,aab,baab,abaab$ 这 5 个。按照字典序排列，则为 $aab,ab,abaab,b,baab$。因此，对应的 SA 为 $\{3,4,1,5,2\}$。

最长公共前缀：对两个字符串 u,v 定义函数 $lcp(u,v) = \max\{i \mid u[1..i] = v[1..i]\}$，称为这两

个字符串的最长公共前缀。

例如 $u = abcabc$ ， $v = abdabc$ ，则 $lcp(u,v) = 2$ 。

定义 $LCP(i,j) = lcp(suffix[SA[i]], suffix[SA[j]])$ ，其中 $LCP(i,j)$ 即后缀数组中第 i 个和第 j 个后缀的最长公共前缀的长度。

例如 $s = abaab$ ，其对应的 SA 如上例所示为 $\{3,4,1,5,2\}$ 。 $LCP(1,2) = lcp(aab,ab) = 1$ 。

【性质】

1. $LCP(a,b) = LCP(b,a)$ 。
2. $LCP(i,i) = len(Suffix(SA[i])) = n - SA[i] + 1$ 。
3. $LCP(i,j) = \min_{i < k \leqslant j}(LCP(k-1,k))$ 。

【倍增算法】

利用倍增法和基数排序，在 $O(n\log n)$ 的时间内，完成长度为 n 的串所对应的后缀数组的构造。并通过后缀之间的关系，巧妙地在 $O(n)$ 时间内计算出 SA 中相邻两串的最长公共前缀。

定义一个字符串的 k-前缀为该字符串的前 k 个字符组成的串。固定 k 时，可以定义 $Suffix(k,i)$ 为字符串第 i 位开始的后缀的 k-前缀，即 $S[i..i+k-1]$ 。类似的，可以定义 $Rank[k,i]$ 为 $Suffix(k,i)$ 在所有 $Suffix(k,*)$ 中的排名（其中*表示一个串长范围内的整数，下同），且值越小，字典序越小。

基于基数排序的思想以及倍增的方法，可以在 $O(n)$ 的时间内利用 $Rank[k,*]$ 来推出 $Rank[2k,*]$ 。进一步，可以在 $O(\log n)$ 步内推出 $Rank[n,*]$ 。例如需要比较 $Suffix(2k,i)$ 和 $Suffix(2k,j)$ ，只需要比较 $Rank[k,i]$ 、 $Rank[k,j]$ 、 $Rank[k,i+k]$ 和 $Rank[k,j+k]$ 之间的关系即可。

这样就能在常数时间内比较 $Suffix(2k,*)$ 之间的大小，从而对 $Suffix(2k,*)$ 时行排序。初始时可以简单地求出所有 $Suffix(1,*)$ 之间的关系，然后每轮迭代长度都翻倍，当长度超过 n 时，就得到了所有后缀之间最终的大小关系。

【计算最长公共前缀】

$LCP(i,j)$ 为第 i 小的后缀和第 j 小的后缀（也就是 $Suffix(SA[i])$ 和 $Suffix(SA[j])$ 的最长公共前缀的长度，根据性质 3，定义 $height[i] = LCP(i-1,i)$ ，即 $height[i]$ 代表第 i 小的后缀与第 $i-1$ 小的后缀的 LCP ，则求 $LCP(i,j)$ 就等价于求 $i+1$ 到 j 之间 $height$ 数组上的 RMQ 。即 $LCP(i,j) = \min_{k=i+1}^{j}\{height[k]\}$ 。具体求法如下：

令 $h[i] = height[Rank[i]]$ ，即 $h[i]$ 表示 $Suffix(i)$ 的 $height$ 值，则有 $height[i] = h[SA[i]]$ 。由于 $h[i]$ 表示的是后缀 i 和某个后缀 j （在后缀数组中的相邻项）的 LCP ，那么对于后缀 $i+1$ 来说，它和后缀 $j+1$ 的 LCP 至少是 $h[i]-1$ ，所以 $h[i+1] \geqslant h[i]-1$ 。利用这个性质，在计算

$h[i+1]$ 的时候进行后缀比较时只需从第 $h[i]$ 位起比较，从而总的比较的复杂度是 $O(n)$ ，也就是说 h 数组在 $O(n)$ 的时间内解决了。

【用途】

运用后缀数组的 *height* 数组求解两个字符串的最长公共子串。

子串可以看成是后缀的前缀。所以该问题可以用后缀数组解决。

例如要求"abaa"与"acab"的最长公共子串（连续的）。用一个非字符集中的字符连接两串，比如用 '#'，可以得到"abaa#acab"。因为这个字符不在原字符集中，所以在求两个后缀的最长公共前缀时，不可能取到这个字符。

对这个连接后的串构造后缀数组，可以得到：

（1）aa#acab　　　　　　属于第 1 个串

（2）ab　　　　　　　　属于第 2 个串

（3）abaa#acab　　　　　属于第 1 个串

（4）acab　　　　　　　属于第 2 个串

（5）baa#acab　　　　　属于第 1 个串

（6）cab　　　　　　　属于第 2 个串

（7）#acab　　　　　　都不属于

最长公共子串一定是起点在 '#' 两侧两个后缀的公共前缀，且这两个后缀在后缀数组中相邻。因此在求出 *height* 数组后，只需要考察相邻的分别属于两个串的后缀之间的 *height* 值即可。上例中，*height* 数组如下：{1,2,1,0,0,0}。由于除了最后一对以外，都分别属于两个串。所以最长公共子串即为 2，对应的串就是"ab"。

【扩展】

*DC*3 算法是一个线性的构造后缀数组的算法。

7.4.5　扩展 KMP

【问题描述】

给定主串 S 和模板串 T，扩展 KMP 问题要求解的就是 $extend[1..|S|]$，其中 $extend[i]$ 表示 $S[i..|S|]$ 与 T 的最长公共前缀。这里 $|S|$ 表示 S 的长度，下同。

例 如 $T = abaaa$ ， $S = aabab$ ，按 照 定 义， $extend[1] = 1, extend[2] = 3, extend[3] = 0,$ $extend[4] = 2, extend[5] = 0$。当然，$S$ 和 T 可以是同一个串，并且有很多这样的应用。

和 KMP 算法对比，发现当 $extend[i] = |T|$ 时，T 恰好在 S 中出现。因此，该算法是对 KMP 算法的进一步扩展，称为扩展 KMP 算法。

虽然后缀数组也能在线性时间内解决这个特殊的字符串的问题，但是相比之下，扩展

KMP 无论在时间复杂度的常数还是编程的难度上，都有较大的优势。

【算法介绍】

回顾 KMP 算法，通过对已有信息的巧妙利用，避免了重复计算，使得该算法能在线性时间内完成工作。同样的，扩展 KMP 也是如此。为了解决扩展 KMP 问题，还需要引入一个辅助数组 $next[1..|T|]$，其中 $next[i]$ 表示 $T[i..|T|]$ 与 T 的最长公共前缀。

假设已经求好了 $extend[1..k]$，设当前 $i+extend[i]-1$ 中的最大值为 p（即之前匹配过程中到达过的最远位置），如图 7-13 所示。

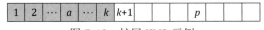

$$\begin{array}{|c|c|c|c|c|c|c|c|c|c|c|c|} \hline 1 & 2 & \cdots & a & \cdots & k & k+1 & & & & p & & & \\ \hline \end{array}$$

图 7-13　扩展 KMP 示例

不妨设 $a+extend[a]-1=p$，那么 $S[a..p]=T[1..p-a+1]$，由此可以推知 $S[k+1..p]=T[k-a+2,p-a+1]$。接下来就要考虑 $T[k-a+2..|T|]$ 与 T 的公共前缀长度，令 $L=next[k-a+2]$。下面分情况讨论：

（1）$k+L<p$。此时直接令 $extend[k+1]=L$ 即可。

（2）$k+L \geqslant p$。此时 p 之后的部分字符并不确定是否能匹配，所以从 $p+1$ 位置开始，进行暴力匹配。

在计算完了 $extend[k+1]$ 之后，更新 a 和 p 之后继续做即可。

$next$ 数组的计算实际上就是 T 和 T 本身做一次扩展 KMP 的过程。

由于 p 随着 k 的增长是非降的，所以总的复杂度为线性，即 $O(|S|+|T|)$。

【扩展】

扩展 KMP 算法可以和分治算法相结合来解题，例如经典的最长重复子串问题。

第 8 章

求 解 策 略

8.1 搜 索

【基本概念】

搜索是在一个集合中寻找符合特定条件的元素。通常是在一个状态空间中进行搜索。搜索的过程实际是在遍历一个隐式图，它的节点是所有的状态，有向边对应于状态转移，而一个可行解就是一条从起始节点出发到目标状态集中任意一个节点的路径。这个图称为状态空间，这样的搜索称为状态空间搜索，得到的遍历树称为解答树。

基本形式

搜索算法基本方法有两种：深度优先搜索和广度优先搜索。

1. 深度优先搜索

深度优先搜索按照深度优先的顺序遍历状态空间。当搜索到状态空间中的某个节点时，算法会尝试扩展该节点的某个相邻节点。当没有其他节点可以扩展的时候，算法会转到该节点的父节点，然后搜索该节点的其他相邻节点。因此深度优先搜索也称为回溯搜索。

N 皇后问题是深搜的一个经典运用。该问题要求在一个 $N \times N$ 的棋盘上找出所有放满 N 个互不攻击（不在同行，同列或同一对角线）的皇后的放置方案。

一般用一个放了部分皇后的棋盘表示一个状态。如果这个状态上的皇后互不攻击，则该状态被称为合法状态。图 8-1 展现的是使用深度优先搜索求解 5 皇后问题时的部分过程。算法从全空的棋盘出发，依次从上往下在每一行上放置一个皇后（黑色方格），在放置过程中，需保证状态的合法性，即新放置的皇后不会攻击到先前放置的皇后。

可以看出当搜索到左下角的状态无法再拓展后，算法回到了上层状态，然后继续枚举其他选择，最终找到了一组可行解（右下角的方案）。注意，图中只列举了部分搜索情况。

2. 广度优先搜索

广度优先搜索算法是按照广度优先的顺序遍历状态空间。一般采用队列来实现，具体来说，每次从队首拿出一个节点，通过这个节点扩展出所有该节点的所有相邻节点并放入队列末尾，然后将队首节点出队。

图 8-2 展示的例子是广度优先搜索在有障碍的棋盘上求解从起始位置到终点位置的最短距离。从初始点 start 位置开始，不断将格点入队，第 i 个阶段，将距离为 i 的节点依次出队列，同时扩展出未被访问的距离为 $i+1$ 的节点，直至终点入队。（图中数字表示从起点到格点的距离，其中终点与起点的距离为 8）

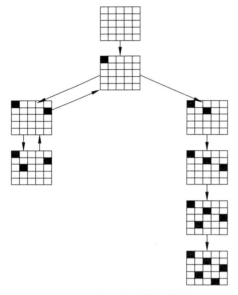

7	6	7				
6	5	6	7			
5	4	■		6	7	end
4	3	4	5	6	■	
3	2	3	4	5	6	7
2	1	2	■	4	5	6	7
1	start	1	2	3	4	5	6
2	1	2	3	4	5	6	7

图 8-1　5 皇后问题的解答树　　　　　　图 8-2　广度优先搜索示例

3. 标记重复

搜索过程中，有时会重复搜索到某个节点，一般情况下没有必要再次搜索一遍。因此为了节约时间和存储空间，往往在搜索算法中设立一种机制，用来标记已经搜索过的节点，以提高效率。

4. 深度优先搜索和宽度优先搜索的比较

广度优先搜索每次将一层的所有节点拓展出来，存储在队列中，这样必然导致空间需求巨大。相比之下，深搜对空间的要求没有那么高。不过哪怕解的深度很浅，深度优先搜索也有可能在一个没有解的分支中搜索过深，而广度优先搜索恰可以解决此问题。

总的来说，搜索算法的选取需要从解的深度、空间消耗、问题的类型（是任意解，还是列举所有解，或者求深度最小的解）等多方面综合考虑来决定。

变形和加强

1. 双向广度优先搜索

双向广度优先搜索是广度优先搜索的一个加强。一般来说，方法是从初始节点和目标节点开始分别做广度优先搜索，每次检测两个方向的搜索是否出现重合。若重合，则说明已经找到一条从初始节点到目标节点的路径，算法终止。否则选择已扩展节点较少的一边继续搜索。

如图 8-3 中，Home 为 1 号节点，Office 为 2 号节点，其他节点按照访问次序标号，需要找到一条从 Home 到 Office 的最短路径。首先我们将起点和终点入队，先从起点开始拓展，将 3、4、5 号节点入队，再从终点拓展，将 6、7、8 号节点入队。下一轮继续从终点方向进行扩展，搜索到 9、10、11、12 四个节点。再下一轮，从起点方向开始扩展，当发现 4 号节点可以扩展到已被终点方向扩展过的 11 号节点时，算法终止，我们找到了一条从起点到终点的最短路 Home-4-11-7-Office。

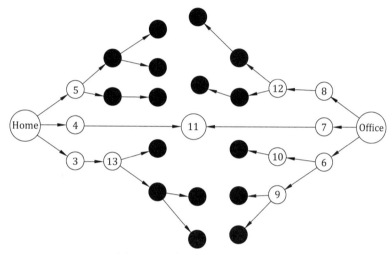

图 8-3 双向广度优先搜索示例

双向广度优先搜索较之单向更高效的原因在于它减少了扩展的节点的数量。在广度优先搜索中，每轮扩展的节点个数成指数级增加，若采用单向搜索，这个指数的大小将是解的深度，而在双向搜索中，这个指数仅仅为解的深度的一半。从图上来看，黑色的节点显示了部分在单向搜索中会搜索到的节点，而在双向搜索中，算法避免了对此类节点的扩展。

当一个问题可以使用单向搜索，有指定的搜索起始点和结束点，并且正向逆向都可以进行搜索时，我们可以使用双向广度优先搜索来代替单向搜索。

2. 迭代加深搜索

由于深度优先搜索容易陷入过深的节点，我们可以限制深度以改进搜索算法。具体来说，先对搜索的最大深度设一个上限，然后进行深度优先搜索。如果在当前上限下没有找到解就加大深度上限重新开始搜索。这种搜索方式称为迭代加深搜索。虽然算法进行了很多重复工作，但由于搜索的工作量与深度成指数关系，重复搜索的影响并不大。这种搜索算法适用于搜索树很深，但可行解相对较浅的问题。

如图 8-4，其中黑色节点是的解的位置，点中的数字代表点的深度。如果使用迭代加深搜索，只需要搜索 3 轮即可找到最优解。如果使用一般的搜索，可能会搜索到深度为 4 或者更深的节点而依旧找不到目标解，导致低效率。

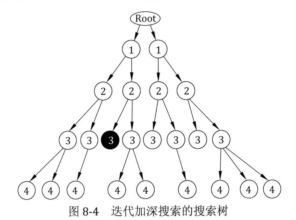

图 8-4　迭代加深搜索的搜索树

迭代加深搜索适用于解不深，但使用广度优先搜又会导致空间占用过大的搜索问题。

3. 剪枝

当搜索到某节点时，若可以通过一些方法判断从该节点出发继续搜索不可能搜索到可行解或是最优解的时候，我们可以放弃对该节点的扩展，即忽略以该节点为根的子搜索树，这种搜索优化方式称为剪枝。

举例来说，搜索从家到公司的最短路径。假设已找到了一条长度为 10 的路径，继续搜索其他路径时发现已经在当前路径上已经走了超过 10 的时候，就没有必要再走下去了，这称之为最优性剪枝。而当发现从当前位置没有能到公司的路的时侯，也可以不用再走下去，这称之为可行性剪枝。

一般来说，在剪枝时主要思想是对当前节点进行估算，通过局面的分析或上下界的估计，判断当前状态是否有继续扩展的必要，从而达到剪枝的效果。

4. A*算法

对于一些有很强启发式信息的问题来说，可以挖掘问题自身的特点，进行智能化搜索，其中一种方法就是启发式搜索。

启发式搜索会给每个状态（节点）通过估价函数进行评估。估价函数用来估计一个状态到目标状态的距离。估价函数应满足相容性，即相邻状态函数的差值不应大于状态转移的代价。将状态估价值加上到达状态的代价作为状态的权值，每次扩展权值最小的状态的算法称为 A*算法。A*算法找到的第一个解即为最优解。

比如搜索图中 A 到 B 的最短路时，我们每次可以对 $f(x) = dist(x) + h(x, B)$ 最小的点进行扩展。这里 $dist(x)$ 表示当前已知的到 x 的最短距离，而 $h(x, B)$ 表示启发函数从 x 到 B 的距离。具体过程：每次我们先利用堆找到 f 值最小的 x，让它出堆，然后从它开始拓展新节点。对于 x 的相邻节点 y，如果 y 还没有被拓展过，则将其入堆，否则考察 $dist(x)+d(x,y)$，其中 $d(x,y)$ 表示边(x,y)的长度，如果这个值小于 $dist(y)$ 则更新 $dist(y)$ 并将其放入堆中。

这里的 h 函数需要满足两个性质：

1. $h(x,B)$ 一定不能超过真正的从 x 到 B 的距离。

2. 应满足 $h(x,B) \leqslant h(y,B)+d(x,y)$，其中 x,y 相邻，$d(x,y)$ 表示连接它们的边的权值。

从算法过程可以看出 A*算法和 Dijsktra 算法很像，但是只要 $dist(x)+d(x,y)$ 优于当前值了就要更新新状态，这可能导致状态数的巨大，空间难以承受。对此我们考虑通过迭代加深的思想对其进行优化，具体来说就是限制路径的边数或者限制 $dist$ 的值。通过将 A*算法改为基于迭代加深的 IDA*算法，可以大大减少储存状态数量。

8.2　分　　治

【基本概念】

有很多算法在结构上是递归的，为了解决一个问题，递归的将原问题分解成一系列较小规模的子问题，且这些子问题互相独立，当子问题规模足够小时问题就可以直接解出来，再通过合并子问题的解来解决原问题的方法称为分治法（Divide and conquer algorithm）。

分治模式在每一层上一般有 3 个步骤：

（1）分解（Divide）：将原问题分解成一系列子问题。

（2）解决（Conquer）：递归求解各子问题，若子问题足够小，直接求解。

（3）合并（Combine）：将子问题的解合并成原问题的解。

逆序对计数是基于分治算法的归并排序一巧妙应用。对于一个包含 N 个非负整数的数组 $A[1..n]$，如果有 $i<j$，且 $A[i]>A[j]$ 则称 $(A[i],A[j])$ 为数组 A 中的一个逆序对。例如，序列 1,4,3,2 中共有 3 个逆序对，分别是$(4,3)$、$(4,2)$ 和$(3,2)$。

用分治法求解逆序对计数问题时，先通过递归分别计算左半边序列和右半边序列中逆序对的个数，然后在"合并"阶段，计算那些一个数在左半边一个数在右半边的逆序对。具体来说，假如当前需要求解"从下标 l 到下标 r 的子序列（即 $A[l..r]$）中逆序对的个数"（其中 $1 \leqslant 1 < r \leqslant N$）：

a. 递归求解 $A[l,mid]$ 中逆序对的个数。

b. 递归求解 $A[mid+1,r]$ 中逆序对的个数。

c. 计算 $i \in [l,mid], j \in [mid+1,r], A[i]>A[j]$ 这样的逆序对个数。

实现 c 过程需要借助归并排序中合并阶段的思想。

在归并排序中，对于已经在递归解决阶段排序好的两个子序列 $B1$ 和 $B2$，在合并阶段需要将两者合并成一个有序的序列，方法是：每次在 $B1$ 和 $B2$ 中选择第一项较小的数列，将其第一项删除并添加到结果 Merge_RESULT 的末尾，重复此过程直至其中一个子序列为空。

在逆序对计数问题中，算法同时进行归并排序和逆序对的计数。具体来说，在完成了步骤 a 和 b 之后 $A[l,mid]$（$B1$）和 $A[mid+1,r]$（$B2$）是排好序的。在合并阶段中，在把数添加到合并排序结果的同时，需要计算与该数相关的逆序对个数。

图 8-5 表示合并过程中某一时刻的状态。长方形条的高度表示了数的大小，灰色部分表示已删除的项（已放入 Merge_RESULT 中）。若当前选出的数是 $B1$ 中的 $A[i]$，则与 $A[i]$ 有关的逆序对个数即为 $B2$ 中灰色长方形条的个数。算法的正确性不难证明。

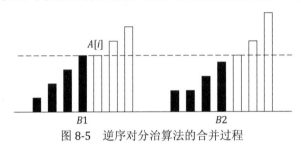

图 8-5　逆序对分治算法的合并过程

分治法时间复杂度：

（1）设分解时间复杂度为 $D(n)$，合并时间复杂为 $C(n)$。

（2）将原问题分解为 a 个子问题，每一个规模是原问题的 $1/b$，分治法的时间复杂度为递归式：

$$T(n)=\begin{cases} \Theta(1) & \text{若}\,n\leqslant c \\ aT(n/b)+D(n)+C(n) & \text{其他情况} \end{cases}$$

上面介绍的逆序对计数中，分解复杂度 $C(n)=1$，合并复杂度 $D(n)=n$，它的时间复杂度的计算应如下：

$$T(n)=\begin{cases} \Theta(1) & \text{若}\,n\leqslant 1 \\ 2T(n/2)+n+1 & \text{其他情况} \end{cases}$$

应用主定理可得 $T(n)=\Theta(n\log n)$。

8.3　贪　心

【基本概念】

适用于最优化问题的算法往往包含一系列步骤，每一步都有一组选择。对许多最优化问题来说，采取动态规划方法来决定最佳选择就有点"杀鸡用牛刀"了，一般只要采用另一些更简单有效的算法就行了。贪心算法是使所做的选择看起来都是当前最佳的，期望通过所做的局部最优选择来产生一个全局最优解。

　　贪心算法是通过做一系列的选择来给出某一问题的最优解。更一般地，可以根据如下的步骤来设计贪心算法：

　　（1）将优化问题转化成这样的一个问题，即先做出选择，再解决剩下的一个子问题。

　　（2）证明原问题总是有一个最优解是做贪心选择得到的，从而说明贪心选择的安全。

　　（3）说明在做出贪心选择后，剩余的子问题具有这样的一个性质。即如果将子问题的最优解和所做的贪心选择联合起来，可以得出原问题的一个最优解。

【性质】

　　贪心的关键特点是贪心选择性质：一个全局最优解可以通过局部最优（贪心）选择来达到。

【Huffman 编码与 Huffman 树】

　　Huffman 编码是一种无损的压缩方法，并且没有一个字符的编码是其他字符编码的前缀，通过给出现频率高的字符短的编码，频率低的字符长的编码，使得压缩后总长度最短。

　　例如，假设字符集只有 7 个字母 a、b、c、d、e、f、g，原文本为 $abcababfbfbgdgegegfgf$，在原文中 a、b、c、d、e、f、g 的频率分别为 3、5、1、1、2、4、5 次。一种 Huffman 编码的方式是将 a、b、c、d、e、f、g 分别编码为 100、11、0000、0001、001、101、01，编码之后原文变为 10011000010011100111011110110100010100101001011010101101。由于没有一个字符的编码是另一个的前缀，编码之后的字符串可以无二义性的还原成原文。

　　下面考虑具体的实现。给定 n 个带权的点，对于一棵二叉树，将这 n 个点放在叶子节点上，一个叶子节点的代价为点权乘上叶子节点到根的距离，这棵树的代价是所有叶子节点代价的总和。Huffman 树是代价最小的树，也称做最优二叉树。

　　很容易得到一个自然的想法，将点权越小的点放在深度越深的地方，实际上这样的确也是使得代价最小的构造方法。于是我们可以得到了一个贪心的算法，如算法 8-1 所示。

输入：n 个带权的节点
输出：Huffman 树
具体流程：
（1）将 n 个节点看成 n 棵树的森林（每棵树一个点）
（2）取出两个根节点权最小的树合并，作为新树的根节点的左子树和右子树，权值等于两个子树的和
（3）在森林中加入新树，删除选取的两个树
（4）重复（2），（3）步 $n-1$ 次

算法 8-1　Huffman 树的构造

　　图 8-6（a）～（g）展现了一棵 Huffman 树的构造过程。

图 8-6（a）有 7 个点，点权为 1，1，2，5，3，4，5。

第一次选择 1、1 合并，添加根节点 2（2=1+1），如图 8-6（b）所示。

第二次选择 2、2 合并成一棵树，添加根节点 4（4=2+2），如图 8-6（c）所示。

第三次选择 3、4 合并成一棵树，添加根节点 7（7=3+4），如图 8-6（d）所示，图中合并了两个单节点的树，也可以合并 3 和最左边的那棵树。

重复操作，如图 8-6（e）和（f）所示。

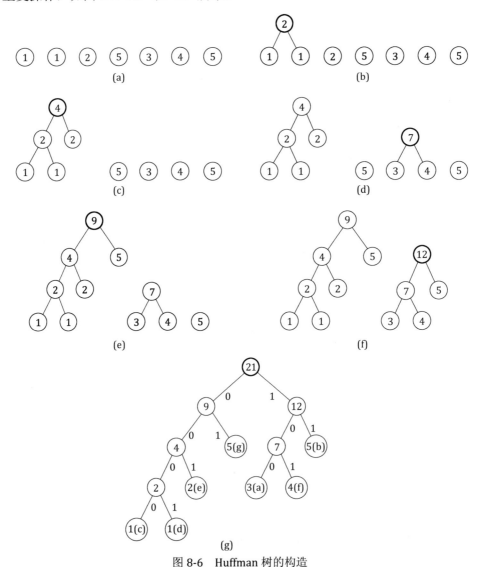

图 8-6　Huffman 树的构造

最后得到 Huffman 树如图 8-6（g），左儿子边编码为 0，右儿子边编码为 1，于是得到 Huffman 编码，即 a、b、c、d、e、f、g 分别编码为 100、11、0000、0001、001、101、01。

8.4 动 态 规 划

【基本概念】

在数学和计算机科学中，动态规划（Dynamic Programming）是一种将一个复杂问题分为多个简单的小问题的思想。在使用动态规划时，原问题须满足重叠子问题（Overlapping Subproblems）和最优子结构（Optimal Substructure）这两个性质。

运用动态规划思想设计的算法一般会比朴素的算法高效很多。因为在计算某个状态的时候，已经被计算的子问题将不需要重复计算，而是调用之前存储下的结果。这样就减少了大量的重复计算。

动态规划思想的本质是在一个有向无环图中，求一个函数的最优值。也可以看做是一个加入了"记忆化"的搜索过程。

动态规划根据问题的性质、状态的表述方法可以分为以下几类。

1. 链（环）式动态规划，如背包问题。

链式的动态规划是最简单的动态规划类型。其简单之处在于其求解顺序比较直观，容易理解和想象。比如背包问题、装箱问题等就是一类经典的链式动态规划问题，其具体细节可以翻看"论题选编"章节中的背包问题。另外，链式的一个基本扩展就是环式，通常的解决策略有两种：枚举从环上一点断开，然后套用链式的方法求解；将环断开成链，然后倍长，得到两倍原长的序列，原环的每一种断开方式都对应了新序列的某个长度为原长的区间。

2. 区间型动态规划，如石子归并问题。

区间型的典型代表便是石子归并问题：有 n 堆石子，每堆石子有 $a[i]$ 个，每次可以合并相邻的两堆石子成为新的一堆。每次合并的代价为两堆石子的个数和。问最少需要多少代价，才能合并到只剩下一堆。

注意到每个新的石子堆必定对应了原来石子堆中的一个区间，其中最后的答案便是 $[1,n]$ 这个区间。那么可以用一个状态 $f[l,r]$ 来表示将区间 $[l,r]$ 中的石子合并为一个石子堆最少需要花费多少代价。随着状态的确定，考虑最后一次合并时选择的 k，那么转移方程也就明朗了：

$$f[l,r] = mi\{f[l,k] + f[k+1,r] + sum\{a[l..r]\} | l \leqslant k < r\}$$

区间型的应用十分广泛，尤其是一些在链上来回跑的模型，往往需要用区间型的动态规划来求解。

3. 树形动态规划，如树上的最小点覆盖问题。

树作为一种特殊的偏序结构，有着很多美妙的性质。树上的动态规划往往与子树产生联系，并且多少会涉及二次或者多次动态规划，即需要多个动态规划一起计算才能完成。

4. 集合动态规划，如多米诺骨牌覆盖问题。

这个方法的核心思想在于状态压缩。最经典的例题就是一类子集问题，可以用一个二进制数表示一个集合的子集，由此来完成集合往子集转移进行的动态规划问题。

比如给定一个 $n(1 \leqslant n \leqslant 10)$ 个数（可正可负）的集合，求一个划分方法，使得所有划分块的代价和最小。其中每个块的代价为块内数字的和的平方。

例如 $n=2$，两个数分别是 1，–1，那么最好的方法就是把这两个数合在一起，答案是 0。

我们可以用一个 n 位二级制数，表示一个子集（1 表示选，0 表示不选），用它的十进制表示存下来。考虑转移，那么就是枚举当前集合的一个子集，然后分别计算后求和以更新答案：

$$f[X] = \min\{f[Y] + f[Z] | Y \cup Z = X \,\&\& \,Y \cap Z = \phi\}$$

初始时，$f[X] = sum\{a[i] | i 在 X 集合中\}^2$。

当我们使用二进制表示的时候，z 可以表示为 $y \wedge x$，其中 $\wedge$ 为异或运算（大写字母为集合，小写字母为对应的二进制），并且子集关系 $Y \subseteq X$ 可以表示为 $(y \& x) = y$ 其中 $\&$ 为与运算，那么转移可以写为：

$$f[x] = \min\{f[y] + f[y \wedge x] | x \& y = y\}$$

直接枚举 y 并判断的话，总复杂度将会达到 $O(4^n)$。可以优化为总复杂度 $O(3^n)$ 的写法：

$$for(y = (x-1) \& x; y > 0; y = (y-1) \& x)$$

这个枚举方法可以依次枚举出 X 的所有非空真子集。

5. 连通性状态压缩动态规划，如回路问题。

这类问题通常在棋盘上做，往往需要引入扫描线，如图 8-7 所示。

考虑每一个格子的逐格转移法，那么根据具体题意的不同，可以根据需求构造出一条对应的扫描线，即"已处理但仍有用"部分。每次考虑当前转移格子的情况，并将扫描线往后推一个格子，并去掉已经对之后状态没有影响的部分。

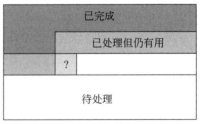

图 8-7　连通性动态规划的扫描线

举一个例子，比如给定一个每个格子带有权值（可正可负）的棋盘，求权值和最大的连通块。那么在计算 (i, j) 时，$(i-1, j)$ – $(i, j-1)$ 这一段就是已处理但有用的部分，而其上就是已完成部分，其下就是待处理部分。已处理但仍有用部分可以通过记录每个点的颜色（即连通情况）来表示当前状态，通常还会对这个状态进行最小表示，以避免本质相同的状态。

对于具体的问题，还需要合理设计扫描线的长度、扫描线内记录的信息等，保证状态空间的大小以及转移的复杂度。通常，状态的表示有两种：格子染色+最小表示法、插头（括号匹配）法。在考虑连通块有关问题时，染色法一般更有效；而在考虑回路或路径问题中，插头法则一般会更有效果。

另外，有时逐格转移并不方便快捷，这时可以考虑逐行转移，即一整行格子的状态一起转移，推荐使用 DFS 的方法实现。

如果某一维较小，而另一维较大，并且转移可以用矩阵乘法表示，则可以预处理出转移矩阵，用快速幂来计算。

【性质】

1. 一个问题无论具体背景是什么，如果可以找寻出其内部隐含的偏序关系，并抽象为一个在有向无环图上求最优解的问题，那么就可以运用动态规划思想来解决这个问题。

2. 如果问题中出现了环，那么可以用迭代法或者高斯消元法来求解。迭代法还可以运用矩阵快速幂来计算，而高斯消元则只需按照转移方程列出方程，对于一些特殊的转移方程，还可以利用其特殊性，优化高斯消元的过程。

【优化】

1. 四边形不等式

如果对于任意的 $a \leqslant b \leqslant c \leqslant d$，有

$$m[a,c]+m[b,d] \leqslant m[a,d]+m[b,c]$$

那么 $m[i,j]$ 满足四边形不等式。

对于转移方程形如如下形式的动态规划问题：

$$m[i,j]=opt\{m[i,k]+m[k,j]+w[i,j]\}$$

其中 w 是 m 的附属量。

首先证明 w 满足四边形不等式，然后再证明 m 满足四边形不等式。最后证明 $s[i,j-1] \leqslant s[i,j] \leqslant s[i+1,j]$（其中 $s[i,j]$ 是 $m[i,j]$ 取到最优值的转移位置）。

在上述三个条件均满足的前提下，就可以运用 $s[i,j-1] \leqslant s[i,j] \leqslant s[i+1,j]$ 这条性质来优化转移时变量 k 的枚举量，从而将动态规划的复杂度从 $O(n^3)$ 优化到 $O(n^2)$。

例如区间性动态规划中的石子归并问题，就可以用四边形不等式优化。记让 $f[i][j]$ 取到最优值的 k 为 $g[i][j]$，则 $f[i][j]$ 的最优的 k 必在 $g[i][j-1]..g[i+1][j]$ 中。在实现时，只需修改 k 枚举的上下界即可，时间复杂度即优化为了 $O(n^2)$。

2. 单调队列

对于转移方程形如 $f(i)=opt\{g(k)|b(i) \leqslant k < i\}+w(i)$（其中 $b(i)$ 随着 i 不降，$g(k)$ 为一个和 $f(k)$、k 有关的函数，$w(i)$ 为一个和 i 有关的函数）的动态规划问题。

利用 $b(i)$ 的单调性，可以得到这样的性质：如果存在两个数 j、k，使得 $j \leq k$，而且 $g(k)$ 比 $g(j)$ 更优，则决策 j 是毫无用处的。所以可以维护一个队列，使得队列中的元素满足决策的单调性。

因为每个决策只会进出队列各一次，所以转移复杂度均摊是 $O(1)$ 的。所以就把 $O(n^2)$ 的时间复杂度优化到了 $O(n)$。

如果动态规划方程比较复杂，可以采用变量分离法，将方程中依赖于 i 和依赖于 k 的项分离开。如果分离成功，则可以考虑使用单调队列来优化。

例如，

$$f[i] = \min(f[k] \mid i - len \leq k < i) + a[i]$$

其中 $a[i]$ 为已知常数。如果 $f[i] < f[j]$ 且 $i > j$，那么对于 i 之后的状态来说，j 一定不会被作为最优取值。因此，只需要维护一个 i 递增，$f[i]$ 也递增的队列。每次查询最小值时，只需要将队头不满足下标限制的元素剔除，直到有一个满足即可；插入时，只需要将队末不满足单调性的元素剔除即可。

另外在 2 中，如果 $b(i)$ 不满足单调性，则可以使用平衡树来优化转移，使得转移复杂度降为 $O(\log n)$。

【实现】

用一个小例子来说明求解动态规划问题时常见的实现方式：

给定 n 和数组 $a[]$，$F[n]$ 满足：

$$F[0] = 0, F[n] = \max\{F[i] + a[n] \mid 0 \leq i < n\}$$

求 $F[n]$。

这里主要介绍如下两种实现方法。

1. for 循环递推

```
F[0] = 0;
for (int i = 1; i <= n; ++i){
    F[i] = -∞;
    for (int j = 0; j < i; ++j)
        F[i] = max(F[i], F[j] + a[i]);
}
```

2. 记忆化形式，用递归实现

初始化 *mem* 数组为 *false*，*mem[i]* 表示 $F(i)$ 是否已经计算过了，如果计算过了，那么直接可以使用 *bak[i]* 中的值。

```
int F(int n)
{
```

```
        if (n == 0) return 0;
        if (mem[n]) return bak[n];
        mem[n] = true;
        bak[n] = -INF;
        for (int i = 0; i < n; ++i)
            bak[n] = max(bak[n], F(i) + a[n]);
        return bak[n];
    }
```

第一种写法程序比较短，但是它的序必须是显式的或者容易求出来的，这样才能用一个 for 循环去按照序遍历每个需要计算的值，这样才能保证当在计算 n 的时候，所有序在它前面的元素都已计算完成。

第二种写法中，虽然程序看起来复杂，但是其核心部分和 for 其实是一致的，在转移的时候并不会难写多少，但是它并不要求把序关系求出来。所以它更适合那些序关系比较隐藏的、比较难求的，但是序关系是客观存在的问题。求解时不需要考虑序关系具体是怎么样的，直接通过 *mem* 和 *bak* 两个数组来完成一个记忆化的过程。通过记忆，来保证不重复计算状态，从而保证复杂度。

8.5 随 机 化

【基本概念】

随机化方法是一类不确定但能以极大概率正确的算法。这类算法往往是利用该问题的一些必要条件、重要性质来进行判定，或者利用最优解的密度等来确保找到最优解。例如应用随机化方法判定两个多项式是否相同时，只需比较一些特定的值代入后是否两个多项式的值是否一样，这就是利用了问题的必要条件。

这类算法在解题中，往往比其对应的确定算法更直观、更容易实现，甚至更高效。

随机化方法按照其是否一定得到正确解可以分为两类：拉斯维加斯算法（Las Vegas algorithm）和蒙特卡洛算法（Monte Carlo algorithm）。

拉斯维加斯算法是一种总是得到正确解的随机方法，它的运行时间是不确定的，但是只要它运行结束了，那么得到的就一定是正确解。一个典型的例子就是随机化快速排序（每次随机选取基准数），只要排序算法结束了，那么得到的一定是一个排好序的序列。一般来说，拉斯维加斯算法的期望运行时间要求是有限的。

蒙特卡洛算法则相反，是一种运行时间确定，但是并不一定能得到正确解的方法，会有一定概率得到一个错误的解。该算法得到正确解的概率通常与运行时间成正比，也就是说，运行的时间越长，更容易得到正确解。

下面介绍几个随机方法的应用例子。

【验证矩阵乘法正确性】

给定矩阵 $A_{n\times m}, B_{m\times p}, C_{n\times p}$，判定 $A \cdot B = C$ 是否成立。

一个确定性的做法是进行一次 $O(nmp)$ 矩阵乘法，然后判断乘出来的矩阵是否和 C 相等。

随机化方法考察了该问题的一个必要条件：如果 $A \cdot B = C$ 成立，那么给定任意一个列向量 $x_{p\times 1}$，必有 $A \cdot (B \cdot x) = C \cdot x$。

更一般地，可以规定 x 是一个 0/1 向量。可以证明，如果 $A \cdot B \neq C$，那么随机一个 0/1 列向量 x 恰好使 $A \cdot (B \cdot x) = C \cdot x$ 成立的概率不超过 50%。

假如测试足够多次，都没有出现不成立，此时原等式成立的概率超过 $1 - 0.5^t$，其中 t 为测试次数。容易验证，当测试到 10 次的时候，算法出错的概率就已经小于千分之一了。

【验证两个函数是否等价】

该问题指的是：给定两个函数 $f(x)$ 和 $g(x)$，判断两个函数是否恒等。

随机化算法验证函数恒等的一个必要条件是：给定一个 x，必有 $f(x) = g(x)$。因此可以通过随机地多次选取 x，代入计算 $f(x)$ 和 $g(x)$，来比较函数值是否相等。

假如 $f(x) \neq g(x)$，并且只随机一次的话，那么只有当随机到 x 为函数 $f(x) - g(x)$ 的根的时候，算法才会出错。一般来说，可以通过加大随机取值的范围或是随机的次数来减少算法出错的概率。譬如，当 $f(x)$ 和 $g(x)$ 都为多项式的时候，方程 $f(x) - g(x)$ 的根的个数不会超过两个多项式的次数的大者，假设为 d，那么如果在 0 到 $10d$ 的范围内随机 x 的话，单次错误的概率不到 1/10，随机 3 次出错的概率不超过千分之一。

第三部分

在 线 资 源

第 9 章

在线评测系统

9.1 基本使用方法

大多数面向 ACM-ICPC 的在线评测系统（Online Judge，OJ）在使用上基本相同，下面以 PKU 为代表介绍传统 OJ 的使用方法。

【查看题目】

点击某道题目之后，就会进入这道题的题目描述页面，如图 9-1 所示。

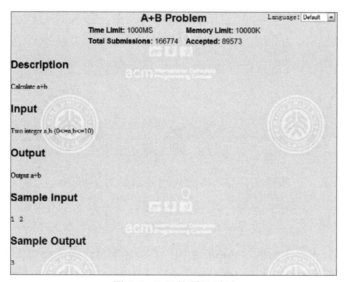

图 9-1　POJ 的题目页面

页面上方为题目标题，以及题目的一些基本信息（包括 Time Limit 和 Memory Limit）。

题目的描述一般分为 5 个部分：Description、Input、Output、Sample Input 和 Sample Output。

- Description：描述了题目的意思。
- Input：描述了输入格式。

● Output：描述了输出格式。

● Sample Input：描述了样例输入。

● Sample Output：描述了样例输出。

在提交程序之前最好在本地测试一下样例，注意程序的输出格式应与样例输出中的格式相符。

【提交代码】

点击下方的 Submit 按钮提交代码，如图 9-2 所示。

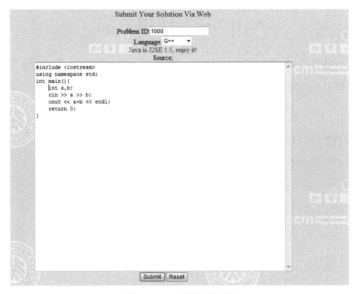

图 9-2   POJ 提交页面

选择好语言种类，一般的 OJ 都是将源代码复制到对话框中，个别 OJ 如 URAL、UVA 等可以提交文件。

【返回结果】

提交好代码后，点击下方的 Submit 按钮，将开始测试，首先会对你提交的程序进行编译。如果编译不通过将返回 Compile Error。你可以点击它查看编译错误信息，如图 9-3 所示。

如果编译通过，系统将使用测试数据对你提交的程序进行评测，并给出返回结果。返回结果一般包括以下几种：

● Accepted：程序通过了测试。

● Wrong Answer：程序输出与期望输出不符。

● Time Limit Exceeded：程序运行时间超过限制。

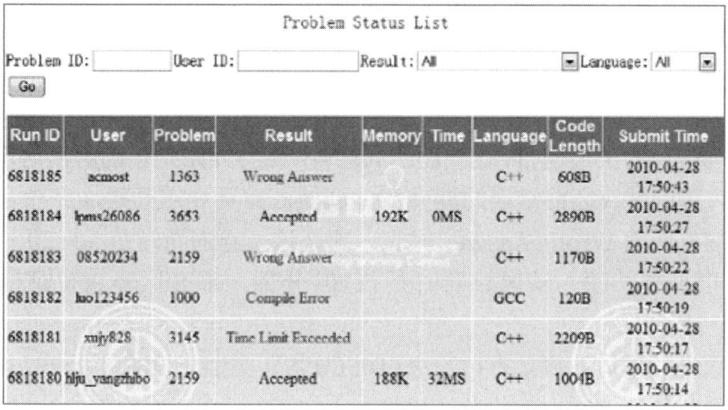
Problem Status List

Problem ID: User ID: Result: All Language: All Go

Run ID	User	Problem	Result	Memory	Time	Language	Code Length	Submit Time
6818185	acmost	1363	Wrong Answer			C++	608B	2010-04-28 17:50:43
6818184	lpms26086	3653	Accepted	192K	0MS	C++	2890B	2010-04-28 17:50:27
6818183	08520234	2159	Wrong Answer			C++	1170B	2010-04-28 17:50:22
6818182	luo123456	1000	Compile Error			GCC	120B	2010-04-28 17:50:19
6818181	xnjy828	3145	Time Limit Exceeded			C++	2209B	2010-04-28 17:50:17
6818180	hlju_yangzhibo	2159	Accepted	188K	32MS	C++	1004B	2010-04-28 17:50:14

图 9-3　POJ 结果页面

- Memory Limit Exceeded：程序使用内存超过限制。
- Runtime Error：程序运行时出错，可能原因包括数组越界、除零等。
- Presentation Error：程序输出格式错误，比如输出了多余的空行或者空格。
- Output Limit Exceeded：程序输出过长，可能原因包括嵌套在死循环中的输出语句等。

【查看排名】

一道题的排名一般按照运行时间从小到大排序，运行时间相同则按照通过题目提交的时间从前到后顺序。

一些 OJ 提供在线比赛，使用的排名方法大多为 ACM-ICPC 竞赛形式相同，如图 9-4 所示。

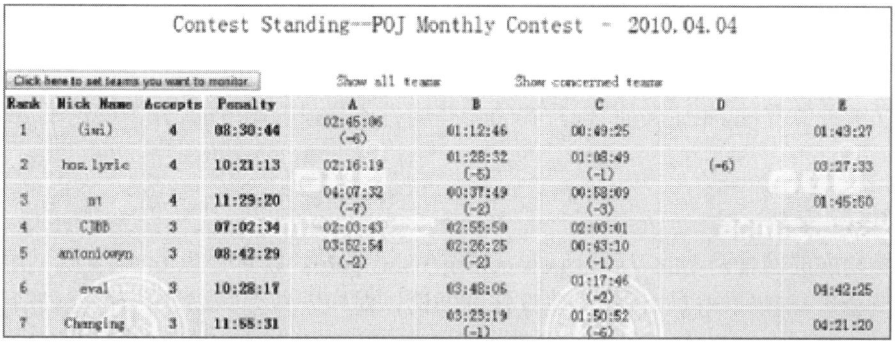
Contest Standing--POJ Monthly Contest - 2010.04.04

Click here to set teams you want to monitor　Show all teams　Show concerned teams

Rank	Nick Name	Accepts	Penalty	A	B	C	D	E
1	(iwi)	4	08:30:44	02:45:06 (-6)	01:12:46	00:49:25		01:43:27
2	hos.lyric	4	10:21:13	02:16:19	01:28:32 (-5)	01:08:49 (-1)	(-6)	03:27:33
3	st	4	11:29:20	04:07:32 (-7)	00:37:49 (-2)	00:58:09 (-3)		01:45:50
4	CJBB	3	07:02:34	02:03:43	02:55:50	02:03:01		
5	antoniowyn	3	08:42:29	03:52:54 (-2)	02:26:25 (-2)	00:43:10 (-1)		
6	eval	3	10:28:17		03:48:06	01:17:46 (-2)		04:42:25
7	Changing	3	11:55:31		03:23:19 (-1)	01:50:52 (-6)		04:21:20

图 9-4　POJ 比赛排名

（1）正确通过题目数较多的参赛者，排名靠前。

（2）对于正确解决题目数相同的参赛者，总罚时少的参赛者排名靠前。

【罚时的计算】

你在一场比赛中的总罚时是所有正确解决的题目的罚时之和，没有正确解决的题目不计罚时。

对于你正确解决的某道题目，这一题的罚时=从比赛开始到正确解决这道题目经过的分钟数+20 分钟×正确解决之前错误的提交数。例如，比赛 8 点开始，你在 8：30 分正确解决某道题，之前有两次 Wrong Answer 提交，那么这一题的罚时是 30+20×2=70 分钟。如果此外你还做出另外一题，该题目罚时是 110 分钟，那么比赛总罚时是两题之和，即 70+110=180 分钟。

一般每道题目的描述下方都有讨论版（DISCUSS），类似于 BBS 的形式，可以点击进去，参与这道题目的讨论。

9.2　USACO 介绍

【简介】

USACO 的全称是美国信息学奥林匹克竞赛，它的官方网站面向所有人开放，上面有一套训练题库，此外，每年也会举办几次月赛。目前在 USACO 上可以使用的编程语言有 C、C++、Java 以及 Python。

【面向对象】

USACO 主要面向参加 OI 的中学生，不过由于其比较容易上手，所以也比较适合准备参加 ACM-ICPC 的初学者。

【题目特色】

USACO 的题目描述都比较清晰，也比较有趣。其中训练用的题目大部分没什么难度，适合初学者熟练算法，相比较而言，月赛的一些题目还是很有难度的，并不逊色于 ACM-ICPC 的比赛。

【训练题库】

训练题库的网址是 http://train.usaco.org/usacogate。题目分为 6 个章节，由易到难。每个章节会有一些知识点的讲解，建议仔细阅读，对应于每个知识点会有一些题目。对于每道题目，可以将编写好的程序提交上去。系统会使用一组测试数据来测试程序的正确性，如果没能通过测试，出错信息和对应的测试数据会显示出来。可以据此对程序进行修改和调试，直到通过所有的测试数据为止。当一道题目提交通过后，会显示关于这个题目的讲解和标程，可以参考并与自己的做法比较。

题库包含了将近 100 道题目，以及大部分常用算法的讲解，通过完成这些题目，对编写代码和理解算法都会有一定的帮助。

9.3　CII 介绍

【简介】

CII 是 Baylor 大学的在线评测系统，它收集了世界各地程序设计竞赛的题目，目前约有 2500 道题目，如图 9-5 所示。

2009/2010 **2008/2009** 2007/2008 2006/2007 2005/2006 2004/2005 2003/2004 2002/2003 2001/2002 2000/2001

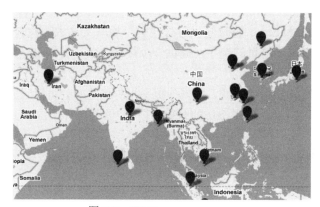

图 9-5　CII OJ

【面向对象】

CII 收录了大量的真题，并有良好的分类，它很适合参加 ACM-ICPC 的选手。由于收集了众多的经典题目，现在很多学校将 CII 的题目当作程序设计课程的作业，所以它同样适用于计算机专业的学生锻炼代码能力。里面还收录了 Final 试题，它对于即将参加全球总决赛的选手，也能提供系统的练习环境。

【题目特色】

CII 的题目是按照赛区分类的，它将历年的比赛按照大洲、年份、区域的规则分类，题目的数据大部分是比赛的原始数据，近年来，对于某些没有公布数据的赛区，也允许用户投稿添加数据，一般来说，用户投稿添加的数据会更加具有挑战性，难度也更大。

World Final Problem

CII 收录了近 10 年的 ACM-ICPC World Final 真题，并且可以提交程序进行测试，它的数据不是官方原始比赛数据，因为 Final 比赛不公布数据，是一些命题者或者做题者在赛后自己生成的。

【使用须知】

尽管 CII 比赛收录了大量的真题，但这些题目在输入文件格式和输出文件格式上往往和原题有细微区别，比如原题中的单组数据会变成多组数据。

CII 的题目大部分是没有 Special Judge 的，它判断用户程序是否正确，是直接比较用户输出文件和它提供的输出文件，所以往往格式错误（Presentation Error）会被当成输出错误（Wrong Answer），所以一些细微的环节需要注意，如文件行末不能有多余空格，文件末尾不能有多余换行。

CII 是一个历史悠久的在线评测系统，它提供的评测编译器都十分古老，所以写程序很容易出现编译错误（Compile Error），所以用户在写程序的时候，尽量使用基本的语句，同时在出现 Compile Error 的时候，对程序引用的库文件进行检查。

CII 对通过每道题目的选手，提供一个排名系统，将通过该题的提交记录，按照时间使用和空间使用进行排名。

CII 有着特殊的邮件系统，每当你提交了一道题目，可以设定将提交信息返回至你的邮箱。特别地，在 Compile Error 的时候，CII 能够在邮件中提供具体的编译信息。

9.4　PKU 介绍

【简介】

PKU 是国内较著名的在线评测系统，题库的题目比较丰富，主要是历年 ACM-ICPC 分区赛的真题，PKU 月赛题目和其他题库在线网络赛的题目（如 USACO 月赛）。该题库的网址是 http://poj.org。

【面向对象】

PKU 的题目比较适合组队训练，队伍的合作和队员的个人实力都可以通过训练得到提高。除此之外，PKU 题库中有大量的经典题目（比如编号为 1737-1744 的题目，每道题都包括了一种经典算法），可以用来进行有针对性的算法熟练度训练，也可以通过单挑一套 Waterloo 比赛或 USACO 月赛来锻炼个人实力。

【题目特点】

PKU 有大量 ACM-ICPC 区域赛的试题,通过如图 9-6 的方法可以搜索某场比赛的题目。

PKU 是为数不多的几个可以存储提交过的代码的题库（另外还有 URAL、SPOJ），登录系统后点击名字旁边的 Archive 可以下载自己所有提交过的代码。

PKU 整个系统的代码是开源的，国内一些大学的 OJ 就是使用的 PKU 的模板。

在每道题目下面的 Discuss 中可以与其他人进行讨论。Status 里是关于这道题所有提交的统计。Authors Ranklist 为所有用户做题数的排名，按照通过的题目的个数从高到低排序，可以点击名字查看一个人通过题目的具体题号，并且可以将他做过的题目和自己做比较。

除此之外，PKU 的 Web Board 已经成为了国内 ACM-ICPC 选手的常用讨论平台。

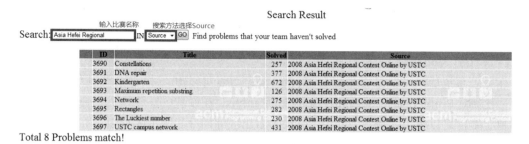

图 9-6　PKU 搜索页面

9.5　SGU 介绍

【简介】

SGU 是俄罗斯萨拉托夫州州立大学的在线评测系统，题库的网址是 http://acm.sgu.ru。目前支持的语言有 C、C++、Java、Pascal。

【面向对象】

相比其他题库，SGU 的题目比较有难度，每一道题目都能加深对算法的组合与灵活运用的理解，更适合有一定基础的 OI 选手或者 ACM-ICPC 选手独立解决。

【题目特色】

SGU 的题目主要来自欧洲赛区比赛试题和欧洲选手个人举办的比赛，强调算法性和数学性，SGU 不定期的会有在线比赛，比赛方式是 ACM-ICPC 形式，时间为 5 个小时，题目难度比较高，其中一些比赛与现场比赛同步进行，并且在 Ranklist 中也会包含现场比赛的提交情况。

由于题目质量很高，参加 SGU 在线比赛的选手非常多，水平也相对较高。另外由于系统稳定且编译器的版本较新，SGU 受到很多选手的青睐。

此外 SGU 有大量的原创比赛，其中最著名的是 Petr Mitrichev Contest 系列，其比赛题目是由俄罗斯著名 ACM-ICPC 选手 Petr 命题，他曾代表莫斯科州立大学获得 2004 年和 2005 年 ACM-ICPC 全球总决赛亚军，目前是 TopCoder 中排名最高的选手。Petr Contest 比赛的题目特点是难度大，对灵活运用和组合算法的能力要求很高，比赛的代码相对较为短小，标准程序具有优美的艺术气息。

相比其他题库，SGU 提供了 Virtual Contest 系统，如图 9-7 所示。它可以方便地模拟网站上已经进行过的比赛，随时随地选择各种比赛进行训练，为选手还原比赛当时的场景、提交情况。另外 SGU 具有人性化的 Standing 系统，将原始比赛排名和虚拟练习的排名区分开，这些都能让 ACM 的训练变得更加便捷。

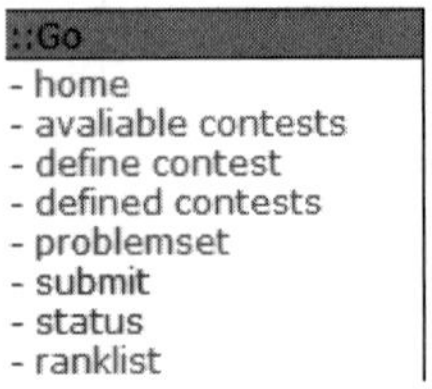

【Virtual Contest 使用】

在登录系统后，可以在 Available Contests 中查看可以虚拟哪些比赛，Problemset、Submit、Status、Ranklist 在设置好虚拟比赛后可以使用。点击 Define Contest 后出现如图 9-8 所示的页面。

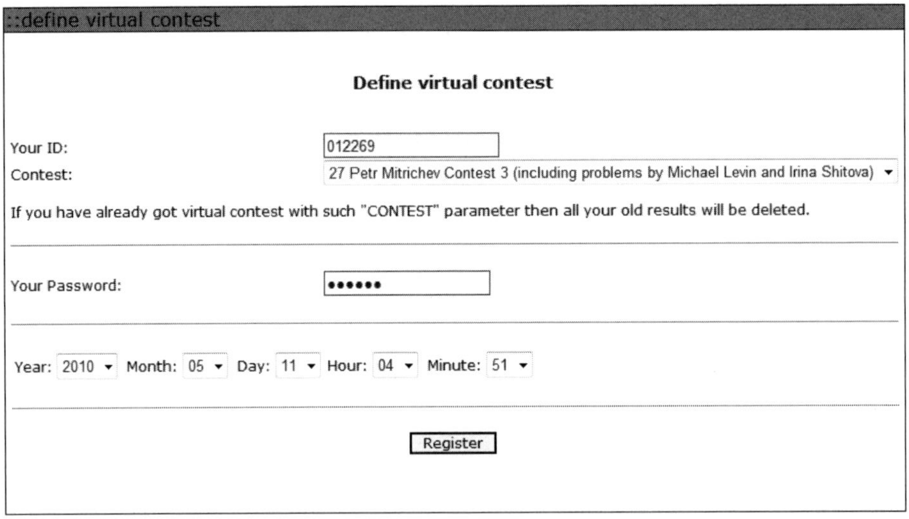

图 9-7　SPOJ Virtual Contest

图 9-8　Virtual Contest 设置页面

在 Contest 中选择一场比赛，在下面选择开始时间（时间为俄罗斯当地时间，冬令时为 UTC+3，夏令时为 UTC+4），然后点击 Register 就可以开始模拟训练了，如图 9-9 所示。

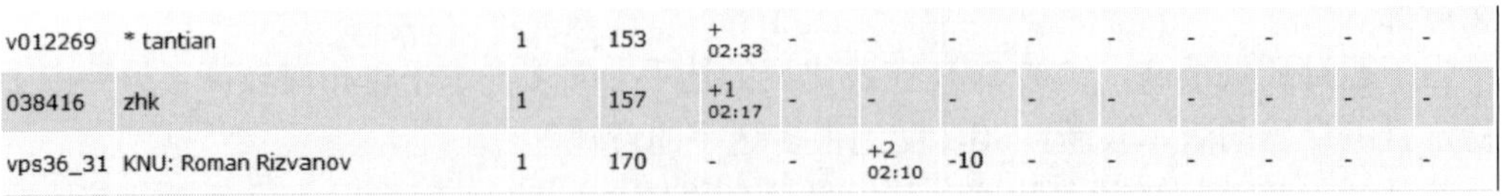

图 9-9　Virtual Contest 列表

在 Ranklist 中，ID 是数字的，字体是黑色的是当时参加在线比赛的选手，字体是蓝色且名字前面带星号的是虚拟比赛的选手，ID 前有 vps 是当地现场赛时的选手。

【使用须知】

1. 虚拟比赛必须登录才可以使用。

2. 可以删除已设定的虚拟比赛。

3. 所有的结果如 status, ranklist 将会保存一个星期。

4. 两个队如果在设定了同一时间开始的同一场比赛，可以在 ranklist 中看到对方。

9.6　SPOJ 介绍

【简介】

SPOJ 全称 Sphere Online Judge，是一个波兰的著名在线评测系统，支持常用的程序设计语言，除此之外，还支持许多有特色的语言。网址为 http://www.spoj.pl/。

【面向对象】

SPOJ 的适用范围比较广，各种层次的选手都可以使用。

【题目特色】

SPOJ 的题目类型丰富，种类繁多。各类比赛的题目都能在其中找到。

【题目分类】

SPOJ 的题目分为 4 个类别：

1. Classical：是经典的 ACM-ICPC 型题目。

2. Challenge：是开放性的、有一定挑战的题目，答案的评价方法依据题目而定。例如，依据提交的程序的长短来排名，而非时间效率。

3. Partial：是 OI 形式的题目，依据过的点的数目给分。

4. Tutorial：类似 Classical，是一些经典算法的题目。

【多语言支持】

SPOJ 还支持很多的程序设计语言。有些题目就是基于一些特殊的程序设计语言而设计的。其中比较有特色的语言是 Brianf**k 语言，比如第三题就是针对这个语言的题目。

【排名系统】

SPOJ 的官方排名系统不同于其他 OJ，如图 9-10 所示。名次的高低不依赖于做题数，而是通过做的题目计算出得分来进行排序。由以下部分组成：

- Classical 的题目得分是由每道通过的 Classical 题目得分相加而得，每道 Classical 题目的得分为 80/(40+通过该题人数)。

- Challenge 的题目得分是由每道 Challenge 的题目得分相加，每道 Challenge 题目得分为：

- 排名最高者得 3 分。
- 其他名次得分由相对于最高者的成绩给出得分。

Partial 与 Tutorial 的题目不参与得分。

得分栏中第一个数为该类题目总得分，括号中的数对应为 Classical 中通过的题数和 Challenge 题中排名第一的题目数。

Problem Solvers' Hall of Fame

Previous   1 2 3 4 5 6 7 8 9 10 11   Next >

RANK	CC	NAME	CLASSICAL	CHALLENGE	SCORE
1	RU	Oleg	935.4 (1221)	3.0 (1)	938.4
2	CN	[Trichromatic] XilinX	889.1 (1190)	9.0 (3)	898.1
3	HR	Ivan Katanić	497.4 (816)	1.4 (0)	498.8
4	US	Eigenray	487.7 (814)	0.0 (0)	487.7
5	HR	Stjepan Glavina	464.2 (772)	0.1 (0)	464.3
6	CN	Balrog	399.4 (393)	2.0 (0)	401.4
7	BY	Gennady Korotkevitch	351.8 (681)	18.7 (1)	370.4
8	HU	Robert Gerbicz	325.1 (627)	29.2 (5)	354.2
9	HR	Luka Kalinovcic	329.3 (488)	0.1 (0)	329.5
10	GB	Linguo	294.3 (602)	1.7 (0)	296.0

图 9-10　SPOJ 的排名

可以看出，越简单的题，分数往往越低，所以，要获得更高的名次，不仅要多做题，还要多做难题。

【添加题目】

SPOJ 没有专门的管理员负责添加题目。题目都是各个用户自发添加的。正是由于存在广泛的出题者，所以 SPOJ 的题目风格多种多样，充满活力。

要成为出题者，可以发信给系统管理员，批准后就可以了。

成为出题者后，点击左侧 Problem List。再点击右上角 Add Problem 进入添加题目页面，如图 9-11 所示。

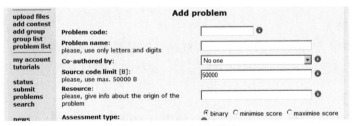

图 9-11　SPOJ 添加题目

按要求填完后，就添加成功了。

SPOJ 支持 Special Judge。在题目添加后，发现题目有误，可以更改题目。SPOJ 还支持对已经有的提交进行全部或部分重测。

第10章

网 上 比 赛

10.1　GCJ 介绍

【简介】

GCJ（Google Code Jam）是 Google 举办的年度编程大赛，每年会有将近 1 万名来自世界各地的程序爱好者参与这项赛事。获胜者不仅会得到一笔现金奖励，还可以直接得到去Google 工作的机会。其网址为 http://code.google.com/codejam。

【面向对象】

GCJ 的比赛面向所有对算法和解题感兴趣的人，当然也包括参加 OI 或 ACM-ICPC 的选手。虽然在形式上并不是专门针对 OI 或 ACM-ICPC，但是本质上依然是算法比赛。GCJ 对编程语言没有限制，可以选择自己熟悉的任意编程语言。事实上，任何可以解决问题的方法都是允许的，包括使用计算软件（如 Mathematica）和运用数学方法手算。

【题目特色】

GCJ 的比赛分为多轮，赛制为淘汰制，题目难度随比赛轮数递增。题目为 Google 员工所出，多为参加过 OI 或 ACM-ICPC 的顶尖选手，所以题目的质量应该说是相当高的。有些题目很有启发性，有些题目则需要很好的数学功底，总体感觉很灵活。

【比赛过程】

每轮比赛会有若干道题目（通常为 3～5 道），题目的描述类似于 ACM-ICPC 的形式。对于每道题目，会有两类输入数据，一类为小数据，一类为大数据，对应分别有不同的分数。与大数据相比，小数据的规模会比较小（包括数据个数和数据范围），显得相对简单一些，但是分数也比较少。

与 ACM-ICPC 比赛不同的是，数据可以被下载到本地，之后需要在限定的时间内（小数据为 4 分钟，大数据为 8 分钟）提交对应的输出数据。原则上可以使用任何正当的方法来得到输出数据，不过在提交输出数据时也要同时提交生成数据的代码（或者手算的说明文档）以供参考。对于小数据，提交的答案是否正确会立即显示出来，如果不正确，可以反复提交，额外的提交每次会有 4 分钟的罚时，直到提交成功后方可下载大数据。对于大数据，提交的答案的正确性需要在比赛结束后才能知道，且只能在 8 分钟的时限内再次提交，不会有罚时，以最后一次的提交为准，过了 8 分钟时限后便无法提交了。

每类数据如果结果正确则会得到对应的分数，大数据在比赛结束之前假设为结果正确。依照分数的高低进行排名，在分数相同的情况下，则根据所有时间来排名。所用时间为最后一道题目的提交时间加上可能的罚时。

【使用方法】

比赛的界面如图 10-1 所示。

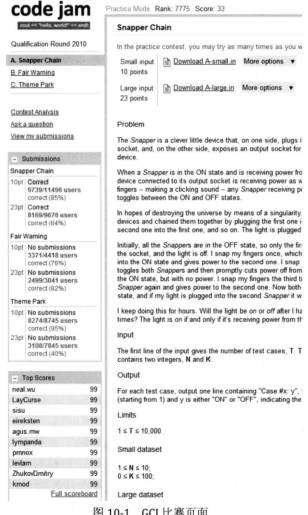

图 10-1　GCJ 比赛页面

左侧为工具栏，右侧为题目描述信息。当前的分数和排名实时地显示在题目描述的上方。工具栏的上方列举了所有的题目，点击可以切换对应的题目描述。中间显示有每道题目的分数和提交统计。下方为当前的排名，只显示前 10 名，可以点击 Full Scoreboad 查看全部的排名。除此之外，在比赛中如果遇到问题，可以点击 Ask A Question 向管理员提问。比赛结束后，Contest Analysis 中会显示每道题目的分析和解法。View My Submissions 则会显示当前的所有提交。

10.2　TopCoder 介绍

【简介】

TopCoder 提供了一个线上比赛的平台，目前有 20 多万名参与者。比赛分为周期性举行的常规赛（如 SRM）和年度编程大赛（如 TCO、TCHS）。

【面向对象】

TopCoder 的比赛面向所有对算法和解题感兴趣的人，当然也包括参加 OI 或 ACM-ICPC 的选手。虽然在形式上并不是专门针对 OI 或 ACM-ICPC，但是本质上依然是算法比赛。然而由于不支持 Pascal 语言，对于一些使用 Pascal 语言编程的 OI 初学者可能比较难于上手。

【题目特色】

TopCoder 的题目难度各异，有适合初学者的简单题目，也有适合高手的挑战题目。由于题目均来自用户的投稿，且经过审阅，所以显得比较灵活，涉及的知识面比较广，总体质量较高。

【Rating System】

Rating 是一个反映总体实力的数值，参加的每次比赛的表现都会对 Rating 造成影响，其具体数值由一个十分复杂的公式来计算得出，大体上与本次比赛的排名有关，也会考虑历史表现的积累。作为 TopCoder 的特色之一，Rating 不仅仅是一种荣耀的象征，同时也决定了一些比赛的参与资格。

【比赛过程】

比赛大体分为三个阶段：
- Coding：本阶段可以阅读题目，编写并提交代码，通常为 75 分钟。一次比赛通常会有 3 道题目，每道题目根据难度会有不同的初始分数。每道题目提交时的分数与从打开题目到提交题目的时间有关，时间越少，分数越高。每道题目提交后不会立即看到测试结果，可以反复提交，然而作为惩罚会扣掉一定的分数。
- Challenge：本阶段可以查看其他选手提交的代码，为 15 分钟。如果认为某个提交的代码是错误的，可以设计并提交一组测试数据。如果该代码针对这个测试数据返回了错误的结果，则视为 Challenge 成功，会获得一些分数作为奖励，否则会扣除一些分数作为惩罚。

- System Test：本阶段会使用全部的测试数据（包括预先准备的测试数据和 Challenge 阶段有效的测试数据）对所有选手提交的代码进行测试。选手最终的分数为所有通过测试的题目的提交分数之和加上 Challenge 阶段的奖励分数。

比赛结束后会公布测试数据，并发布题解，方便继续调试或练习。

【SRM（Single Round Match）】

SRM 每月会举办 2～4 次，分为两个 Division。Rating 在 1200 以上的选手参加 div1，Rating 在 1200 以下的选手只能参加 div2。div1 与 div2 使用不同的题目，在难度上，div1 的题目难度大于 div2。每个 Divison 又分为若干个房间，每个房间大约 15～20 人。针对一些有赞助的比赛，div1 每个房间的前三名与 div2 每个房间的前两名会获得一定量的奖金。

【TCO（TopCoder Open）】

TCO 为 TopCoder 主办的年度编程大赛，面向全年龄段所有人，每年会吸引来自全球各地大约 5000 名程序爱好者的参与。比赛分为资格赛、线上淘汰赛和线下总决赛，每轮比赛只有一个 Division，优胜者可以晋级下一轮比赛。最终的线下总决赛将在美国本土举行，胜利者将得到来自赞助方的数额可观的奖金，同时还会获得面试的机会。

【TCHS（TopCoder High School）】

TCHS 为 TopCoder 主办的年度编程大赛，仅面向高中生，赛制上与 TCO 相似，不过获得的奖金将全部捐给慈善机构。

10.3　Codeforces 介绍

【简介】

Codeforces 提供了一个线上比赛的平台，目前有 13000 多的参与者。比赛分为周期性举行的常规赛(如 Codeforces Round 和 Unknown Language 等)和一些由企业组织的编程大赛（如 Yandex Algorithm Contest 和 VK Cup 等），其中企业组织的编程比赛并不固定。

【面向对象】

Codeforces 的比赛面向所有对算法和编程感兴趣的人，当然也包括参加 OI 或 ACM-ICPC 的选手。与 TopCoder 一样，虽然它们在形式上并不是专门针对 OI 或 ACM-ICPC，但是本质上依然是算法比赛。与 TopCoder 不同的是，Codeforces 支持很多种类的语言，从 Pascal 到 C++、Java，还包括最新比较热门的 Python、Haskell、Ruby 等，甚至还有一部分比赛只能使用冷门语言参赛。

【题目特色】

Codeforces 的题目难度、类型各异，有适合初学者的简单题目，也有适合高手的挑战题目。作为一个社区型的网站，题目均来自用户的投稿，且经过管理员审阅，所以显得比较灵活，涉及的知识面比较广，总体质量还是不错的。最近开始，Codeforces 还给出题人发一定的酬金，所以比赛的密度基本保证是 1 周一场以上。

【Rating System】

与 TopCoder 类似的，Codeforces 也有 Rating。Rating 是一个反映总体实力的数值，参加的每次比赛的表现都会对 Rating 造成影响，其具体数值由一个十分复杂的公式来计算得出，大体上与本次比赛的排名有关，也会考虑历史表现的积累。作为 Codeforces 的特色之一，不同的 Rating 有着不同的荣誉称号，同时也决定了一些比赛的参与资格。

【比赛过程】

比赛大体分为两个阶段：

- Coding/Challenge：本阶段可以阅读题目，编写并提交代码，通常为 2 小时。一次比赛通常会有 5 道题目，每道题目根据难度会有不同的初始分数。每道题目提交时的分数与从比赛开始到提交题目的时间有关，得分与所花时间根据题目难度成不同的线性反比。每道题目提交后，会测试出题者设置的 Pretest（其中包含了样例，如果你的程序在之前被人成功 Challenge 了，那么那部分数据也会在 Pretest 中）。如果一次提交过了样例，那么称为一次有效提交。每次提交后会立即看到 Pretest 的测试结果，可以反复提交，然而作为惩罚每一次有效提交会扣掉一定的分数。与 TopCoder 不同的是，Challenge 环节与 Code 环节是并行的。你可以在任何时间对你过了 Pretest 的题 Lock（加锁）。对于 Lock 的题，你就不可以再做修改，但是你可以查看其他选手提交的代码。如果认为某个过了 Pretest 的提交的代码是错误的，可以设计并提交一组测试数据（如果数据较大，则需要提交一个生成数据的程序）。如果该代码针对这个测试数据返回了错误的结果，则视为 Challenge 成功，会获得一些分数作为奖励，否则会扣除一些分数作为惩罚。
- System Test：本阶段会使用全部的测试数据（包括预先准备的测试数据和 Challenge 阶段有效的测试数据）对所有选手提交的代码进行测试。选手最终的分数为所有通过测试的题目的提交分数之和加上 Challenge 阶段的奖励分数。

比赛结束后题目会加入到题库中，并由出题人发布题解、战报等，方便继续调试或练习。

【Codeforces Round】

Codeforces Round 基本保持每周一次的频率，具体由当月的出题人多少决定。比赛一般分为两个 Division（有时会合起来，也有的只有一个 Division 可以参加）。Rating 在 1650 以上的选手可以参加 div1，Rating 在 1650 以下的选手只能参加 div2。如果参加的 Division 与 Rating 不匹配，则视为 Unrated 参加，即本场结果不计 Rating。div1 与 div2 使用不同的题目，在难度上，div1 的题目难度大于 div2。每个 Divison 又分为若干个房间，每个房间大约 40 人。

【Unknown Language】

Unknown Language 是 Codeforces 独有的比赛形式，频率并不固定。每次比赛开始前，选手都不知道需要用什么语言。开始后，出题人会公布本次比赛的语言，一般为比较冷门的语言，很可能需要选手在 2 小时的比赛中现学现卖。但与 Codeforces Round 不同的是，题目一般相对简单，这也留给了选手学习语言的时间。相比一般的算法竞赛，Unknown Language 更有趣，更富有挑战性和不确定性。

参 考 文 献

[1] Thomas H.Cormen, Charles E.Leiserson, Ronald L.Rivest, Clifford Stein. 算法导论. 第 2 版. 北京：机械工业出版社, 2006.

[2] 刘汝佳, 黄亮. 算法艺术与信息学竞赛. 第 1 版. 北京：清华大学出版社, 2004.

[3] Sanjeev Arora, Boaz Barak. Computational Complexity: A Modern Approach. Cambridge University Press, 2009.

[4] Michael Mitzenmacher, Eli Upfal. 概率与计算. 北京：机械工业出版社, 2007.

[5] Richard A. Brualdi. 组合数学. 第 4 版. 北京：机械工业出版社, 2005.

[6] Thomas S. Ferguson. Game Theory. University of California at Los Angeles, 2008.

[7] Mark A. Weiss. 数据结构与算法分析. 第 3 版. 北京：人民邮电出版社, 2006.

[8] 潘承洞, 潘承彪. 初等数论. 第 2 版. 北京：北京大学出版社, 2004.

[9] S.Russell, P. Norvig. 人工智能：一种现代的方法. 第 3 版. 北京：清华大学出版社, 2011.

[10] Ming-Yang Kao. Encyclopedia of Algorithms. Springer, 2008.

[11] A.H.柯斯特利金. 代数学引论——基础代数. 北京：高等教育出版社, 2006.

[12] 韦斯特. 图论导引. 第 2 版. 北京：机械工业出版社, 2006.

[13] 胡伯涛. 最小割模型在信息学竞赛中的应用. NOI 国家集训队论文, 2007.

[14] 许智磊. 后缀数组. NOI 国家集训队论文, 2004.